Marie-Angèle Hermitte

L'emprise des droits intellectuels sur le monde vivant

Conférences-débats organisées par le groupe Sciences en questions à l'Inra de Clermont-Ferrand le 15 avril 2013, et à l'Inra de Versailles-Grignon le 25 avril 2013.

Éditions Quæ RD 10, 78026 Versailles Cedex

La collection « Sciences en questions » accueille des textes traitant de questions d'ordre philosophique, épistémologique, anthropologique, sociologique ou éthique, relatives aux sciences et à l'activité scientifique.

Raphaël Larrère, Catherine Donnars
Directeurs de collection

Le groupe de travail « Sciences en questions » a été constitué à l'Inra en 1994 à l'initiative des services chargés de la formation et de la communication. Son objectif est de favoriser une réflexion critique sur la recherche par des contributions propres à éclairer, sous une forme accessible et attrayante, les questions philosophiques, sociologiques et épistémologiques relatives à l'activité scientifique.

Texte revu par l'auteure avec la collaboration de Marie-Noëlle Heinrich, Olivier Réchauchère.

 ISSN : 1269-8490 ISBN : 978-2-7592-2457-9

Préface

À l'origine, Marie-Angèle, tu as consacré tes recherches au droit européen de la concurrence. Lorsque tu as déposé ton sujet de thèse, c'était un droit en chantier permanent et tu voulais comprendre le droit en train de se faire plutôt que le droit déjà construit. Peut-être est-ce pourquoi tu croiseras plus tard le parcours de sociologues, d'historiens et d'épistémologues qui s'intéressent à la science en train de se faire plus qu'à la science déjà faite et stabilisée. À la base du droit européen de la concurrence étaient deux articles du traité de Rome ; une dizaine de lignes à partir desquelles les directives ultérieures et la jurisprudence ont peu à peu élaboré un « monument » qui fait de nos jours plusieurs milliers de pages. Ce fut, dis-tu « un droit sauvage », qui défrichait sans s'embarrasser d'une jurisprudence antérieure et sans trop se préoccuper de puiser dans les droits nationaux.

Mais il n'existait pas d'équipe de recherche sur ce thème, aussi, après avoir été cinq ans bibliothécaire à la salle de philosophie du droit que Michel Villey avait mise en place au Panthéon, tu t'es retrouvée attachée de recherche au CNRS en tant que « chercheur isolé ». Il a fallu attendre 1976 pour qu'à l'issue de ta thèse, tu rejoignes le Credimi (Centre de recherche sur le droit des marchés et investissements internationaux) que dirigeait Philippe Kahn à l'université de Dijon. Tu y resteras jusqu'en 1988 en tant que directeur de recherche. Le Credimi se consacrait au droit commercial international — avec une focalisation sur les échanges Nord-Sud. Y étudier un droit qui est aussi en construction convient à ton goût et à ton savoir-faire. En effet, à partir de quelques règles d'ensemble, le droit commercial international a été forgé par des praticiens (avocats et conseillers juridiques) qui élaboraient des contrats pour le compte des entreprises. Ces contrats, et les recours auxquels ils donnent lieu devant des tribunaux arbitraux, constituent une jurisprudence particulière. Pour la synthétiser, le Credimi demande aux entreprises de lui fournir leurs contrats d'achat, de vente ou de construction. Cela permet de repérer les régularités et les contentieux susceptibles, une fois arbitrés, de faire jurisprudence. À la fin des années 1970, pour compléter ce corpus d'accords bilatéraux, tu vas enquêter auprès des responsables des entreprises concernées et de leurs clients — ce qui te permettra de synthétiser les règles qui sont à l'œuvre et la façon dont elles se modifient, en particulier dans les échanges avec l'Algérie.

En 1981, le Credimi engage un projet concernant plus particulièrement les échanges internationaux des ressources agricoles. La lecture d'un ouvrage sur les semences te suggère alors de focaliser tes investigations sur l'élaboration du droit d'obtention végétale (DOV) et sur ses conséquences pratiques. Sur ce thème, tu iras t'entretenir avec des scientifiques, des sélectionneurs et des responsables professionnels agricoles ; tu assisteras à des congrès concernant la génétique et l'amélioration des plantes. Pour en comprendre les enjeux, il va te falloir acquérir des connaissances en génétique, une culture scientifique que tu n'as cessé d'enrichir depuis lors. Au bout de deux ans d'enquêtes et de lectures, tu es en mesure de rédiger deux articles dès 1983 sur le droit d'obtention végétale. Poursuivant par la suite ces investigations, tu aborderas même la question, toujours non résolue, d'un possible droit d'obtention pour les races d'animaux domestiques.

Dès 1986, la Commission européenne songe à s'engager dans le processus qui conduira en 1992 à la convention de Rio sur la biodiversité. Un colloque de lancement de cette réflexion est prévu à Dublin en 1987. On te demande alors de faire le rapport introductif consacré au droit qui concerne la protection de la biodiversité et la mise en valeur de ses ressources. À 39 ans, et bien que directeur de recherche, les fonctionnaires de la commission te trouvaient un peu jeune pour ce genre d'exercice. Mais, parmi les juristes au fait du droit du commerce international, du droit de l'environnement et du droit des brevets, tu étais la seule à disposer de quelques notions précises en matière de génétique. Tu vas donc aborder les problèmes juridiques relatifs à la protection de la biodiversité et au partage des avantages que les entreprises pharmaceutiques ou biotechnologiques peuvent tirer de ses ressources génétiques. C'est de ce travail que dérive un premier article sur la diversité biologique publié en 1988, dans l'ouvrage que tu as dirigé avec Bernard Edelman : *L'homme, la nature et le droit.*

La discussion sur les droits de propriété intellectuelle s'élargit aux droits dont pouvaient bénéficier les populations autochtones qui ont préservé, de leur pharmacopée traditionnelle, les savoirs susceptibles d'intéresser des entreprises pharmaceutiques ou des firmes de l'agrofourniture, ce qui te conduit à élargir ton travail sur le DOV et les premiers brevets sur le vivant à l'ensemble de la question de la brevetabilité du vivant, humain et non humain.

Venaient d'émerger les brevets déposés sur des segments d'ADN dont une des fonctions était mise en évidence et susceptible d'une mise en valeur technologique. Cette extension du champ de la brevetabilité devait favoriser la recherche sur les potentialités de la transgénèse pour la conception, la réalisation et la commercialisation d'OGM à des fins thérapeutique ou agronomique. Ce fut pour toi l'occasion d'élargir ton champ de réflexion juridique, de la biodiversité aux biotechnologies, mais aussi de confronter cette évolution contemporaine du droit de la propriété intellectuelle au droit d'obtention végétale dont tu avais exploré les conséquences sur la sélection variétale et sur la production agricole. Cet investissement sur la question des brevets dans le champ des biotechnologies n'entrait plus dans les orientations du Credimi, que tu quittes en 1988 pour retrouver le statut provisoire de chercheur isolé. Puis, lorsque l'on t'oblige à rejoindre une équipe, tu es hébergée, de 1991 à 1995, par le Groupement d'analyse des politiques publiques (GAPP) où tu as l'occasion de côtoyer des politologues mais aussi des économistes et des sociologues. C'est ainsi d'ailleurs que nos chemins se sont croisés. Et finalement, tu rejoins l'équipe de recherche sur la science et le droit que Catherine Labrusse-Riou a créée à Paris I.

La vigueur de la polémique et des conflits sociaux au sujet des plantes génétiquement modifiées, t'invite à compléter l'étude de la controverse concernant la propriété intellectuelle par une réflexion sur les risques et la responsabilité. Tu feras ainsi une analyse juridique du principe de précaution, et tu te trouveras impliquée dans les formes de débat public et d'expertise intégrant des profanes, déjà bien rôdées au Danemark, et qui s'expérimentent en France à la fin des années 1990, d'où ta participation à la conception et au pilotage de la conférence citoyenne sur les OGM en 1998 ; une expérience que tu reproduiras au sujet du changement climatique en 2002, puis sur les antennes relais et tout récemment (en 2014) sur l'enfouissement des déchets nucléaires.

C'est un travail de longue haleine que tu as engagé et que tu poursuis en collaboration avec des spécialistes de sociologie des sciences et des innovations, des politologues et des économistes ; et qui t'a conduite à devenir membre du Haut Conseil des biotechnologies, puis du Comité de déontologie et de prévention des conflits d'intérêts de l'ANSES et du Comité consultatif national d'éthique.

Mais diverses sollicitations vont t'inviter à diversifier encore ton domaine de réflexion au domaine médical et donc à sortir du vivant non-humain. C'est ainsi que tu vas travailler sur la procréation assistée et surtout que tu vas étudier la transfusion sanguine et le traitement juridique de l'affaire du sang contaminé. Une recherche qui t'a partiellement mobilisée pendant cinq ans, et d'où est sorti en 1996 un ouvrage qui a fait date : *Le sang et le droit. Essai sur la transfusion sanguine.*

Si l'on songe qu'après avoir revisité les « non humains » dans un récent article de la revue *Annales,* « La nature sujet de droit ? », tu as rédigé un papier sur les transhumanistes, on ne peut que constater la grande variété de tes thèmes de réflexion et l'étendue de ton expertise. Pourtant, en dépit de sa diversité, ton œuvre présente une grande unité. Et cette unité, c'est celle d'une façon de concevoir la recherche.

D'abord tu t'es toujours intéressée aux processus juridiques en cours, au droit en train de se construire. Gloser sur ce qui semble majestueusement gravé dans le marbre ne semble jamais t'avoir intéressé, même si tu reprends souvent longuement l'histoire de telle institution ou de telle catégorie juridique. Ensuite tu n'as jamais voulu être une docte ignorante, parlant avec autorité, en juriste, de biotechnologie ou de biodiversité sans rien connaître de la génétique, de la biologie moléculaire et de l'écologie. Tu as toujours fait l'effort d'acquérir une certaine culture scientifique et de la développer. Enfin, dès tes premiers travaux sur le commerce international, tu as décidé d'être une juriste de terrain, associant au rassemblement des textes de loi et de leurs interprétations (commentaires et jurisprudence) des enquêtes auprès des acteurs concernés. D'ailleurs pour préparer cette conférence, tu n'as pas hésité, en dépit d'un emploi du temps quelque peu encombré, à t'entretenir avec plusieurs chercheurs de l'Inra sur la question de la brevetabilité du vivant.

Le résultat en est une œuvre foisonnante et stimulante, celle d'un chercheur qui a choisi de ne pas creuser son sillon dans une direction étroite, mais de balayer un champ relativement large pour saisir des correspondances entre les évolutions juridiques et jurisprudentielles qui se manifestent dans des domaines aussi différents que la technologie, la protection de la nature et la santé publique. C'est pourquoi, en dépit de ton itinéraire et de la diversité des champs que tu as investis, il me semble qu'une part de toi est restée en salle de philosophie du droit.

Raphaël Larrère
Directeur de la collection « Sciences en questions »

Avertissement

Je n'ai pas été saisie d'enthousiasme lorsque Raphaël Larrère m'a demandé de revenir sur la brevetabilité du vivant, j'avais tout dit. Mais il fut intraitable, c'était ce thème-là et pas un autre. Finalement, jeter un regard rétrospectif sur ces 35 années, considérer la décision sans appel de la Grande chambre de recours de l'Office européen des brevets (OEB), énonçant en 2015, la brevetabilité des plantes obtenues de manière traditionnelle et désignées par un trait, tel le goût doux-amer d'un melon, voir en quelque sorte la fin d'un cycle historique, tout cela m'a fait percevoir l'aventure autrement. J'ai été frappée du caractère essentiel de l'histoire, en premier lieu. Elle ne se présente pas comme une dynamique qui donnerait du sens au déroulement du temps, faisant bénéficier les générations successives de l'expérience du passé, mais au contraire, comme un poids idéologique qui impose au présent la réalisation d'objectifs et de méthodes qui plongent loin dans le passé et sont dépassés ou à tout le moins discutables. La force des stratégies ensuite. J'avais vécu au jour le jour les longues controverses entre partisans et opposants à la brevetabilité du vivant, les confrontations parfois virulentes, mais je n'avais pas vu ça comme une guerre. Or il y eut bien une première salve qui valut déclaration de guerre, l'occupation de positions d'où il était facile d'encercler l'ennemi, quelques percées fulgurantes et, finalement, le coup de grâce qui signa la victoire d'un camp sur l'autre. Il y eut bien des vainqueurs et des vaincus, aujourd'hui le dos au mur. J'avais bien parlé de déficit démocratique. Mais je n'avais pas vu à ce point l'absence souvent, l'impuissance parfois, des gouvernants.

L'emprise des droits intellectuels sur le monde vivant

Introduction

Entre la fin du XVIIIe et la fin du XIXe siècle, furent découvertes les bases théoriques de ce que Lamarck nomma « biologie ». Mais il fallut attendre le milieu du XXe siècle pour que l'on parle de « biotechnologies », et bientôt de « biotechnologies modernes », pour signifier que l'on était entré dans le temps de la science, la libérant de ses racines paysannes et artisanales. À l'instar des autres branches de la technique, cette nouvelle industrie revendiqua le droit de breveter ses inventions, des « inventions biotechnologiques » portant sur de la matière vivante ; dans une telle perspective, le brevet n'est qu'un outil économique banal permettant l'investissement dans la recherche et le nécessaire retour sur investissement. Ce n'était pas totalement faux : le droit des brevets a toujours cherché à étendre son empire, substantiel et géographique.

Mais ce n'était pas tout-à-fait vrai non plus. Lorsque les opposants répondirent « brevetabilité du vivant », ils usèrent d'un substantif, le vivant, qui mérite que l'on s'y arrête. Intraduisible en anglais[1], il s'imposa en France dans les années 1980, renvoyant à une représentation subjective, non exclusive d'émotions où se pressaient la controverse sur l'opportunité de breveter tous ces organismes vivants, voire l'être humain, leurs éléments constitutifs, le débat sur l'érosion de la diversité biologique aussi bien que la disponibilité de l'embryon humain réalisée par la fécondation *in vitro*, et maintenant le transhumanisme. En faisant entrer

[1] L'anglais connaîtra un peu plus tardivement la même opposition, *patentability of living matter/patents on life,* ou *life forms*.

la question dans un cadre sociétal plus vaste, les opposants s'inscrivaient, eux aussi, dans un courant historique car, au fil du temps, les tribunaux, puis les législateurs avaient consacré un certain nombre d'exclusions à la brevetabilité, pour des raisons tenant en partie à la technique juridique, en partie à une vision politique de l'économie : les produits de la nature et les procédés naturels, les lois scientifiques ou, en Europe, les méthodes de diagnostic médical furent progressivement exclus de la brevetabilité.

Pour les opposants, invoquer le vivant plutôt que l'invention biotechnologique impliquait une adaptation de ces exclusions aux nouveaux objets techniques ainsi créés : si l'on manufacture des organismes vivants, ils n'en restent pas moins des vivants qui habitent notre monde commun.

La délimitation entre le territoire de ce qui est brevetable et le territoire de ce qui ne l'est pas, fut l'objet d'une véritable guerre. Et si l'hégémonie du brevet est aujourd'hui presque totale, elle fut le résultat de quelques raids éclairs menés entre les années 1960 et les années 1980, qui donnèrent aux partisans du brevet des positions inexpugnables d'où ils partirent pour mener l'intégralité des batailles, alternant guerre de position et guerre de mouvement (Gramsci, 2012).

Tout commença au Conseil de l'Europe à Strasbourg en 1963, par ce qui parut n'être qu'une escarmouche, mais permit de gagner la guerre en 2015, soit 52 ans plus tard. Les États membres, animés par la volonté d'unifier à terme le droit des brevets, voulaient essentiellement procéder à des arrangements techniques mais, ce faisant, ils posèrent les bases de la future économie des biotechnologies en un article, l'article 2[2]. Son objet principal était de faciliter la tâche des entreprises pharmaceutiques, en pleine révolution des

[2] Convention sur l'unification de certains éléments du droit des brevets d'invention, http://conventions.coe.int/Treaty/FR/Treaties/Html/047.htm

antibiotiques. Il fallait donc pouvoir breveter leurs procédés de fabrication, mais cela se pratiquait depuis plus d'un siècle dans le cadre du droit commun des brevets, sans qu'un texte particulier ait été nécessaire. Pasteur, on le dit souvent, avait une politique de brevets élaborée ; il déposa ainsi « six brevets sur de nouveaux procédés de fermentation ou de conservation des aliments, entre 1857 et 1873. Toutefois, et le point est ici essentiel pour ce qui concerne l'appropriation du vivant, les brevets déposés par Pasteur revendiquaient des procédés d'utilisation de micro-organismes et en aucun cas les souches des micro-organismes elles-mêmes » (Cassier, 2003a). Ce fut encore le cas pour l'invention de la pénicilline après la deuxième guerre mondiale.

On brevetait donc les procédés ; et, comme le brevet de procédé permet de couvrir le produit obtenu par le brevet, les concurrents ne pouvaient utiliser le même procédé pour obtenir le même micro-organisme, mais ils pouvaient inventer un autre procédé d'obtention et utiliser librement le micro-organisme à d'autres fins. Le système paraissait équilibré et suffisamment incitatif.

Pourtant, l'industrie voulait aller plus loin et breveter les micro-organismes « en tant que tels », ce qui signifie que le micro-organisme lui-même est alors bloqué pour tout usage, quel que soit son procédé d'obtention. Or les rédacteurs de la Convention de Strasbourg se trouvèrent devant une difficulté car, le 2 décembre 1961, avait été signée la Convention internationale pour la protection des obtentions végétales qui organisait la protection des variétés végétales sur un mode très spécifique. Il fallait en tenir compte. Ils profitèrent de l'occasion pour affirmer, d'une part l'universalité du brevet dans tout genre d'industrie, y compris l'agriculture, et d'autre part entériner certaines exclusions de brevetabilité consensuelles (contrariété à l'ordre public et aux bonnes mœurs) et une nouvelle exclusion assez complexe puisque, désormais, les États pouvaient exclure les variétés végétales et les races animales ainsi que les procédés essentiellement biologiques d'obtention de végétaux ou d'animaux, étant précisé que cette faculté de choix ne s'appliquait pas aux procédés microbiologiques et aux produits obtenus par ces procédés.

L'onction du droit fut ainsi donnée aux prétentions nouvelles de l'industrie des biotechnologies : d'un côté, la position de non brevetabilité des variétés végétales et des races animales paraissait assez forte, même si l'on aurait dû remarquer que, dans ce travail d'écriture des exclusions de brevetabilité, la traditionnelle exclusion des produits de la nature et des procédés naturels avait été oubliée ; de l'autre côté, l'industrie avait acquis la certitude juridique de pouvoir breveter les procédés microbiologiques utilisés dans la fabrication des antibiotiques, et nul ne réalisa vraiment à cette époque que la formule relativement ambiguë de la brevetabilité des « produits obtenus par ces procédés » pouvait peut-être permettre de breveter des micro-organismes en tant que tels et pas seulement de les couvrir par des brevets de procédés.

C'est effectivement ce qui se produisit rapidement. La différence assez mystérieuse entre procédés essentiellement biologiques non brevetables et procédés microbiologiques brevetables, fut réaffirmée en 1973 par la Convention de Munich sur la délivrance de brevets européens (CBE), nouvel instrument d'unification du droit européen. Quant à la brevetabilité des micro-organismes en tant que tels, un mouvement tactique lui fit franchir discrètement une deuxième étape décisive en 1977, avec le Traité de Budapest[3]. Sans affirmer directement l'obligation de breveter les micro-organismes, il organise la reconnaissance internationale de leur dépôt, procédure très particulière qui, en obligeant le

---

[3] http://www.wipo.int/treaties/fr/text.jsp?file_id=283800

demandeur du brevet à déposer un exemplaire de l'organisme vivant qui sert de témoin à l'invention, permet de dépasser l'impossibilité de les décrire — alors que c'est, en principe, une condition de la brevetabilité des inventions. Autant dire que la brevetabilité des micro-organismes, organismes vivants, est alors entérinée.

Entre 1963 et 1977, les partisans du brevet gagnèrent plusieurs fortins qui constituaient autant de nouvelles positions tactiques : brevets octroyés directement sur les micro-organismes, et non plus seulement sur les procédés permettant de les obtenir ; brevetabilité des cellules, assimilées à des micro-organismes, et des gènes qui s'y trouvent, y compris les cellules et les gènes humains.

Cela s'était passé sans éclat, dans l'univers feutré des cabinets de conseils en brevets et des offices de brevets. Ni le public, ni même les politiques ne s'en rendirent compte. Plus tard, trop tard, arriveront quelques parlementaires qui n'agiront qu'à la marge du système : Jean-François Mattei, Alain Pompidou ou Alain Clayes qui, dans un rapport pour l'Office parlementaire d'évaluation des choix scientifiques et techniques (OPECST), constatera avec un mélange d'étonnement et de résignation que ce domaine a été délaissé par le politique et gouverné de manière autonome par les offices de brevets. C'est exact, mais l'Office européen des brevets (OEB) a été créé par ces mêmes politiques pour être d'autant plus autonome qu'ils l'ont doté d'une juridiction qui interprète en permanence le système en fonction de l'intérêt du droit des brevets assimilé à l'intérêt de l'innovation, donc de la technologie, donc de l'économie, donc de l'intérêt général bien compris. Si l'Office européen des brevets a son propre système juridictionnel indépendant des États membres, c'est bien que les responsables politiques se sont dessaisis de leurs prérogatives à son profit.

Pourtant, la généralisation de la brevetabilité du vivant avait provoqué chez certains agriculteurs, philosophes, juristes, scientifiques, ou dans l'opinion publique, des sentiments mêlés de sidération et de rejet. Durant ces 30 ans, j'ai vu les uns s'accommoder, les autres s'enthousiasmer pour les possibilités offertes par les brevets, mais j'ai également éprouvé la permanence des refus : on parla d'une alerte à la bombe à l'Office européen des brevets ; bien des années plus tard, de simples manifestants faisaient le siège de l'OEB avec une machine à brûler les brevets et des pancartes « Arrêtez de nous voler la base de notre existence » ; 75 000 signatures appelant à « libérer le brocoli » ont été remises le 12 mars 2014 à l'Office européen des brevets par la coalition *No patents on seeds*[4]. Au Parlement européen, j'ai vu s'affronter les porteurs de tee-shirts *No patents on life* et les enfants atteints de myopathie, avec leurs tee-shirts *Patents for life*. Dans les cabinets de conseils en brevets, j'ai mesuré l'incompréhension que suscitaient ces oppositions.

Chez les parlementaires, ce furent trop souvent les médecins qui s'emparèrent d'une question qu'ils comprenaient mal et dont ils s'estimaient débarrassés lorsqu'ils avaient dit que les gènes humains n'étaient pas brevetables, ce qui était faux (Mattei, 1996). Quant à comprendre l'impact sur l'agriculture et sur l'économie du secteur des semences et des intrants, c'était en dehors de leur champ de vision. En 2015, il ne reste plus rien de la tentative pour trouver un équilibre entre ce qui est brevetable et ce qui ne l'est pas dans le champ du vivant. Les partisans du brevet ont gagné leur guerre, et pourtant « la brevetabilité du vivant est un traumatisme qui ne passe pas » (Hermitte, 2013). D'où la question : sur un sujet qui provoque des confrontations qui ne sont toujours pas éteintes aujourd'hui, où étaient les gouvernants ?

---

[4] https://www.swissaid.ch/fr/non-brevet-Monsanto-brocoli

Inventer les droits intellectuels

Alors que les grandes catégories juridiques naissent dans les cités grecques et s'éprouvent à Rome, les droits intellectuels n'ont été créés que tardivement, entre la fin du XVIIe siècle où ils sont expérimentés par tâtonnements successifs, et le XIXe siècle lorsque, leurs grands traits étant à peu près déterminés, ils s'internationalisent. Ils regroupent aujourd'hui un vaste ensemble de droits définis par le pouvoir de monopole qu'ils permettent d'exercer, et leur caractère dématérialisé. Les premiers arrivés — brevet, droit d'auteur et marque — ont été suivis par les indications géographiques, le droit d'obtention végétale, puis le droit sur la topographie des semi-conducteurs, dans un mouvement d'autonomisation de titres qui diffèrent les uns des autres pour pouvoir s'adapter à des finalités ou des techniques, elles-mêmes différentes. Il y a dans ce processus ce qui m'a semblé être de l'ordre d'un « mécanisme de spéciation » (Hermitte, 2001). À partir d'un modèle unique, le droit exclusif sur une production de l'esprit, se sont développés des droits aux contenus adaptés aux spécificités de ces diverses productions, car l'objet du droit exclusif diffère : une invention n'est pas une œuvre, qui n'est pas une variété végétale, etc.

Tous ces droits intellectuels portent sur des abstractions qui peuvent faire l'objet d'un droit de propriété dit incorporel — l'invention, la désignation des produits d'une entreprise pour les distinguer des produits de même type fabriqués par ses concurrents, la topographie d'une puce. Mais si l'objet du droit est bien abstrait, il s'incarne en une série d'objets concrets : on trouvera sur le marché des cafetières, des livres, des produits marqués ou distingués par une appellation d'origine, des semences et des puces qui tous, ont besoin de matières pour exister. Le livre épuisé peut être indéfiniment réédité tant que le texte d'origine est conservé quelque part, mais bien des œuvres ont été perdues. Un tableau détruit ne peut jamais revivre, malgré les copies. Une espèce disparue, une variété oubliée ne ré-existeront jamais. Il n'y a pas là que de l'abstraction, contrairement à ce que disent les spécialistes de la propriété intellectuelle, et c'est sans doute cette relation subtile entre abstraction et matérialité qui a posé tant de problèmes à l'esprit juridique !

Inventer la catégorie « droits intellectuels » prit donc plus de 2 000 ans, et les raisons de ce retard restent mystérieuses si l'on veut bien admettre que l'art, l'industrie et le commerce étaient florissants dès avant l'Antiquité grecque, qui ne répugnait pas à des formes de marques, de logos, ou de noms commerciaux, moins encore à la reconnaissance des inventions utiles. Lorsque le pas fut définitivement franchi au XVIIIe siècle, les propriétés intellectuelles furent affichées à la jonction des droits de l'homme et de l'organisation d'une économie capitaliste, deux projets politiques dont le caractère nouveau et enthousiasmant devait être mis en avant pour faire passer le rejet, lui-même millénaire, des monopoles et privilèges. À partir des législations assez sommaires de cette époque, la jurisprudence remplit son office, précisant les points obscurs, montrant les lacunes et les effets négatifs de certains choix. Le XIXe siècle fut marqué par la généralisation de ces droits dans le monde occidental, la définition des limites de leur empire et un effort de reconnaissance internationale de leurs fondements. Au XXe siècle, l'évolution se poursuivit, passant de la reconnaissance réciproque des législations étrangères à un effort d'uniformisation internationale encore inachevé aujourd'hui. Il sera également caractérisé par ce mécanisme de « spéciation » de types toujours plus nombreux de droits intellectuels différents les uns des autres, au sein desquels le droit d'obtention végétale nous intéressera plus particulièrement.

Une histoire de deux mille ans

Rien n'est plus simple pour une autorité publique, que d'octroyer un privilège. Effectivement, des cités grecques le firent pour encourager certaines personnes à investir dans des tâches d'intérêt public (Dareste *et al.*, 1891). Tout au long des siècles, les puissants récompensèrent les lettres, les arts et les merveilles de la technique, par des avantages divers. Certains de ces privilèges ressemblaient à nos droits exclusifs, mais ils étaient attribués selon des critères mêlant rationalité, corruption, népotisme et bon plaisir. Ces droits exclusifs d'exploitation n'empêchaient pas l'inventeur de garder son invention secrète, ce qui est contraire à l'essence du droit de brevet moderne, et les inventeurs, dépourvus des moyens de revendiquer eux-mêmes les privilèges, étaient souvent obligés de vendre leur invention à un investisseur qui, lui, pouvait obtenir la lettre patente. Pendant toute cette période, les différents systèmes s'étaient attachés à l'utilité de l'invention proposée, utilité économique (économie de matières premières fréquemment) et utilité pour le bien commun. L'obligation d'exploiter accompagnait donc logiquement le privilège.

On considère en général que c'est Venise qui, la première, adopta en 1474 un décret posant les bases d'un système moderne de brevets : l'inventeur devait convaincre l'administration publique que son invention était nouvelle sur le territoire de la République, ingénieuse, et prête à fonctionner. Mais cela ne suffit pas à endiguer les anciennes pratiques de récompenses distribuées sans logique économique, et la tentative échoua (Braunstein, 1985).

Lorsque l'Angleterre adopta en 1624 le *Statute of monopolies*, dispositif plus objectif, le système fut rapidement accusé d'être à l'origine de multiples monopoles bloquant l'industrie et le commerce, et démantelé dès 1640. Les droits intellectuels modernes naquirent lorsque l'administration abandonna l'idée d'utilité et de recherche du bien commun contenu dans l'invention pour se fonder exclusivement sur la nouveauté et le caractère industriel. Il fut admis que le bien commun découlerait automatiquement du libre jeu du marché, les inventions inutiles disparaissant d'elles-mêmes, les autres faisant la fortune de leur inventeur.

Cet abandon d'un idéal de poursuite du bien commun dans l'attribution des brevets fut la condition de la création d'une économie de l'innovation au XVIIIe siècle. Or aujourd'hui que l'on a créé un mécanisme neutre, on cherche à y réintroduire du bien commun. En effet, si le parti-pris en faveur de l'innovation a porté ses fruits en termes de progrès techniques, le recul historique permet aussi d'en mesurer les dysfonctionnements. Toute nouveauté, même plébiscitée par le marché, donc par le public, n'est pas bonne pour l'intérêt général. Certains souhaitent une société moins matérialiste, alors que le désir des choses n'a jamais été aussi généralisé ; moins matérialiste mais inventive comme le permettent parfois le numérique et la mise en relation des individus, ou les innovations « sobres » (Hermitte, 2015 ; Cohen, 2015). De ce point de vue, les patentes non neutres de l'Ancien Régime qui avaient pour objectif l'économie des facteurs de production, matières premières et énergie, engendraient des inventions orientées vers l'économie du facteur rare. L'enjeu est devenu essentiel, auquel il faudrait ajouter des innovations allant dans le sens de l'emploi de main d'œuvre et non d'économie de main d'œuvre. Un peu l'inverse de ce à quoi conduit le système moderne des brevets !

Partant de cette histoire longue, il est important, pour comprendre la difficulté de faire entendre une opposition au droit des brevets, de remonter à ses objectifs politiques originaires, dont la légitimité ne fait aucun doute : en finir avec l'arbitraire des administrations des monarchies ; en finir avec les monopoles incohérents des corporations qui paralysaient la vie économique et se souvenir que la révolution des droits de l'homme, telle qu'elle était conçue à l'époque des Lumières, permit aussi de légitimer le capitalisme.

Les droits intellectuels des Lumières entre droits de l'homme et capitalisme

Deux historiennes, Liliane Perez-Hilaire et Christine MacLeod, ont eu le mérite de montrer comment les mentalités évoluèrent en Grande-Bretagne, puis aux États-Unis et en France, au point de permettre de penser le paradoxe de la création de ces monopoles fichés au cœur d'une économie que, pourtant, on libéralisait (Perez-Hilaire, 2000 ; MacLeod, 1988).

Un premier renversement transforma la vision que l'on avait du progrès technique. L'invention cessa de n'être qu'une curiosité éventuellement utile, pour devenir un bien commun en soi, honorant la patrie de l'inventeur. Mirabeau, s'adressant à la Société nationale des inventions et découvertes, reconnaît qu'une société consacrée à favoriser les découvertes acquitte une dette de la société entière (Riqueti de Mirabeau, 1791). Il y avait donc une ambition civique de la technique, portée en France par une administration éclairée. Il fallut alors convaincre qu'il n'y avait pas de contradiction à parler de bien public à propos d'un monopole, en ayant recours au contrat social caractéristique de la propriété industrielle, tout reposant sur l'idée que le droit exclusif ne serait que temporaire : à l'issue du temps d'exclusivité, l'invention devait rejoindre le domaine public, cette chose commune de la technique, accessible à tous, archive mondiale de l'homme technologique. Lorsque la loi du 7 janvier 1791 énonce que « toute idée nouvelle, dont la manifestation ou le développement peut devenir utile à la société, appartient primitivement à celui qui l'a conçue, et que ce seroit attaquer les droits de l'homme dans leur essence, que de ne pas regarder une découverte industrielle comme la propriété de son auteur », elle fait de l'inventeur un héros de la Révolution française. Ce point de vue est toujours dominant aujourd'hui, qu'il s'exprime dans l'article 27 de la Déclaration universelle des droits de l'homme ou dans l'article 17 de la Charte des droits fondamentaux de l'Union européenne.

Ainsi, la société de la connaissance à laquelle l'Union européenne aspire, est dans la descendance directe de la société des Lumières. Les grands traits de l'économie de l'innovation y sont forgés : l'idée d'utilité remplacée par celle de nouveauté, d'écart par rapport à l'état de la technique ; la nouveauté plutôt que la qualité fondée sur la tradition ; la nécessité de l'investissement et du retour sur investissement ; le développement des sociétés par actions composées d'actionnaires non responsables, leur couronnement par la création de la société anonyme en 1807 et la suppression de leur autorisation préalable en 1867. Le droit des sociétés et le droit des brevets concourent ensemble au développement des branches les plus modernes de la technique : renouvellement de la métallurgie et de la mécanique ; naissance de la chimie et de l'électricité. Le brevet, l'industrialisation et le capitalisme vont de pair. Il n'est alors pas question d'agriculture, moins encore de vivant.

Ces changements n'allèrent pas sans critiques, assez actuelles d'ailleurs : l'inventeur ce héros, est aussi un démiurge dont les inventions peuvent être diaboliques. On critique les corporations de ne pas inventer assez mais on dénonce le défaut de sécurité des innovations. On encense les sociétés anonymes qui investissent, innovent et diffusent rapidement le progrès technique, mais on dénonce les capitalistes suceurs du sang des ouvriers. Les corporations avaient leurs défauts, mais elles interdisaient le travail de nuit et multipliaient les jours fériés. Marx et Engels font ce constat dans le *Manifeste du Parti communiste* : « La bourgeoisie ne peut exister sans révolutionner constamment les instruments de production, ce qui veut dire les rapports de production, c'est-à-dire l'ensemble des rapports sociaux. Le maintien sans changement de l'ancien mode de production était, au contraire, pour toutes les classes industrielles antérieures, la condition première de leur existence. Ce bouleversement continuel de la production, ce constant ébranlement de tout le système social, cette agitation et cette insécurité perpétuelles distinguent l'époque bourgeoise de toutes les précédentes[5] ».

La critique du droit des brevets venait d'horizons divers et opposés entre eux : de l'ultralibéralisme qui y voyait une entrave inadmissible à la liberté d'entreprendre et en demandait la suppression pure et simple (Chevalier, 1878) et, plus tard, de l'URSS qui récusa le système des brevets, optant pour des mécanismes de récompense. Efficace, le système restait impopulaire, et les pouvoirs publics cherchèrent à équilibrer leur promotion du capitalisme, du progrès économique et technique, et des brevets, par l'imposition de limites et de contrepouvoirs, au nom de la « mesure », valeur oubliée : les brevets seront de courte durée alors que certains privilèges de l'Ancien Régime avaient un caractère héréditaire ; la loi imposera une obligation de description stricte de l'invention pour assurer le partage des connaissances alors que le secret était fréquent ; il sera interdit de protéger des principes abstraits qui bloquent les applications concrètes qu'il est possible d'en faire.

Le XIXe siècle a donc cherché à réguler l'appétit de brevets, ce qui n'a pas empêché le droit des brevets de gagner progressivement tous les domaines de la technique : différents pays industriels avaient interdit la brevetabilité des produits pharmaceutiques, des produits chimiques, des produits alimentaires, mais tout cela finira par tomber progressivement dans l'escarcelle du brevet. Cette évolution

---

[5] https://www.marxists.org/francais/marx/works/1847/00/kmfe18470000a.htm

portera le brevet du statut d'instrument nationaliste et incohérent au sacre mondial du 15 avril 1994 à Marrakech, lorsque l'Organisation mondiale du commerce réalisa un rêve d'experts vieux de deux siècles : un brevet pourra être obtenu pour toute invention, de produit ou de procédé, dans tous les domaines technologiques, les États parties n'ayant pas le droit d'exclure certains types d'inventions de leur droit des brevets. Désormais, le pouvoir de marché d'un produit peut être mondial, bloquant la dualité de la diffusion des technologies qui fut longtemps de mise : sous licence dans les zones industrialisées, par copiage légal dans les autres parties du monde (Coriat, 2002 ; Coriat, Orsi, 2003 ; Khan, 2007).

À cette date de 1994, le brevet a une base universelle, ayant conquis tous les domaines de la technique. Mais si le mécanisme du droit des brevets est suffisamment abstrait pour être souple, cette flexibilité a des limites et le XXe siècle va se caractériser par la création de nouveaux droits exclusifs, adaptés à des technologies qui ne répondent pas aux conditions classiques de la brevetabilité.

Les « mécanismes de spéciation » des propriétés intellectuelles

Les propriétés intellectuelles ont un socle commun : l'octroi d'un monopole légal. Elles n'en sont pas moins plurielles car, dès l'origine, elles se sont organisées autour de deux pôles. Le premier concernait les finalités poursuivies, certains droits ayant des finalités commerciales, telle la marque, quand d'autres étaient en relation directe avec les productions de l'esprit, tel le droit d'auteur. Le second attracteur allait conduire à une différenciation selon le type de créativité. Le droit d'auteur, qui repose sur l'originalité, fut immédiatement distingué du droit de brevet, caractérisé par la nouveauté. Puis, un siècle après avoir promu l'innovation, on voulut retrouver des traditions et l'on réanima les indications géographiques. Les nouveaux gardiens de la tradition et du terroir ont désormais un régime juridique presque opposé à celui du droit des brevets, leur droit étant collectif et non individuel, imprescriptible et non temporaire, inaliénable et non fait pour être vendu ou concédé.

Puis, les objets techniques auxquels les entrepreneurs entendaient appliquer le droit de brevet évoluèrent. Les progrès des technologies connues, telle la métallurgie ou la mécanique, furent absorbés facilement (Pitois, Vivant, 1996).

La création de nouvelles technologies posa des problèmes plus redoutables et, avec le développement de la chimie, apparurent les premières difficultés. Il fallut d'abord passer de la brevetabilité des procédés, assez facilement maîtrisée en considération du résultat tangible obtenu, à la brevetabilité des molécules « en tant que telles ». Longtemps restées à l'état d'hypothèse nécessaire, leur matérialité ne fut appréhendée que tardivement. On dut ensuite constater que des fonctions semblables étaient opérées par des ensembles de molécules caractérisées par des structures communes, mais pas exactement identiques. Si l'on exigeait, comme le demande le droit commun des brevets, de limiter la protection de l'inventeur à la description précise de son invention, il ne pouvait jouir de son droit que sur quelques variants, les concurrents contournant facilement son titre en utilisant aux mêmes fins d'autres entités de la même « famille ». En effet, théoriquement, un brevet ne peut être accordé que pour une invention caractérisée par ce que l'on appelle « l'unité de l'invention », soit un seul concept inventif, qui doit être nouveau au regard de l'état de la technique.

L'américain Markush soutint que, dans l'industrie chimique, il devrait être possible d'effectuer une seule revendication comprenant plusieurs variantes chimiques si elles ne détruisent pas l'unité de l'invention : propriété, activité ou structure commune, appartenance à une même classe reconnue de composés chimiques, ce qui permet d'anticiper le fait que ces éléments vont se comporter de la façon attendue. En 1924, il obtint effectivement un brevet pour « toutes les variantes » d'une molécule, alors qu'il n'avait décrit que certaines d'entre elles. Ce type de revendication fut généralisé, et l'on peut prendre en exemple le cas de Sanofi, titulaire d'un brevet canadien n° 1.194.875 qui renferme des revendications visant près de 250 000 composés.

Il est certain que cette solution, donnant des brevets très étendus, a joué un rôle dans la concentration du secteur : parmi les sept plus grandes entreprises chimiques actuelles, cinq ont été créées au XIXe siècle, et les portefeuilles de brevets ont joué un rôle important dans cette structuration. Le droit des brevets joua donc la flexibilité en donnant à la condition de description de l'invention et au critère de nouveauté des contenus divers. D'un côté, l'on admit en faveur du premier inventeur une revendication très large couvrant toute une famille de molécules ayant une même structure de base, ce qui peut conduire à couvrir des milliers de molécules, seules quelques-unes ayant été synthétisées. De l'autre, si un travail ultérieur permettait de distinguer, à l'intérieur de cette famille, des molécules ayant une caractéristique inattendue, un brevet pouvait être octroyé sur cette invention de sélection, avec un accent particulier mis sur l'activité inventive. Mais ce second brevet était alors dépendant du premier. Les spécialistes du droit des brevets purent conclure, ou prétendre, que le brevet restait l'instrument idoine, en dépit d'une distorsion importante des techniques de rédaction des brevets et de la dérive des critères de brevetabilité. La chimie resta donc dans le champ des brevets, malgré la spécificité du régime juridique qui lui était applicable.

Cette capacité de diversification se mesure en observant la classification internationale des brevets fournie par l'Organisation mondiale de la propriété intellectuelle

(OMPI), où les objets techniques sont rangés au sein d'une structure hiérarchique à cinq niveaux : 8 sections, 120 classes, 628 sous-classes et près de 70 000 groupes[6]. Beaucoup d'inventions concernant la génétique sont classées dans la section « chimie », comme les acides nucléiques, d'autres dans la section « physique », comme l'analyse chimique de matériaux biologiques. On distingue des « nouveautés végétales ou procédés pour leur invention », « nouvelles races de vertébrés », « préparations médicinales contenant des peptides, des antigènes, des anticorps, du matériel génétique », des nucléosides, ou des acides nucléiques, etc. C'est à ces classes qu'il faut se référer pour décrire ce qu'apporte l'invention par rapport à « l'état de la technique », premier critère d'attribution du droit. Ces sections sont apparues au fil de l'évolution des techniques, mais aussi sur le fondement de choix politiques, tel l'inventaire vert de l'OMPI permettant de regrouper dans des classifications spécifiques les inventions utiles dans la lutte contre le changement climatique et, plus généralement, certaines techniques propres au développement durable.

Lorsque se développèrent les premières entreprises semencières, elles demandèrent à disposer de protections pour leurs inventions (Hermitte, 1983 ; Heitz, 1987), et pensèrent tout aussitôt au brevet. Mais les semences, organismes vivants, ne se prêtaient pas à la description écrite, ni à une reproductibilité sans faille, leur nouveauté était très spécifique et l'activité inventive souvent douteuse. Jean-Louis Comte (1990), directeur de l'Office fédéral suisse de la propriété intellectuelle, le reconnut : « Comme d'autres domaines techniques en plein développement, la biotechnologie fait craquer les structures traditionnelles

---

[6] http://www.wipo.int/classifications/ipc/fr/general/. L'OEB a subdivisé, allant jusqu'à 250 000 catégories, avec une forte coopération avec l'Office américain des brevets.

des systèmes de brevets, remettant en cause quelques-uns de leur concepts fondamentaux » (Comte, 1990).

Conditions de la brevetabilité d'une invention

Nouveauté : une invention est considérée comme nouvelle si elle n'est pas comprise dans l'état de la technique, soit tout ce qui a été rendu accessible au public avant la date de dépôt de la demande de brevet par une description écrite ou orale, un usage ou tout autre moyen.

Activité inventive : l'invention doit ne pas paraître évidente à l'homme du métier d'une compétence moyenne dans le secteur de l'invention. L'OEB utilise plus particulièrement une approche problème/solution : déterminer la question à résoudre, considérer l'état de la technique pour y apporter une réponse, et déterminer si la réponse proposée dans la demande de brevet est évidente pour l'homme du métier au regard de l'état antérieur de la technique. Les juges se réfèrent aussi à la notion de préjugé vaincu, au caractère surprenant de la solution.

Application industrielle : l'invention est considérée comme susceptible d'application industrielle si son objet peut être fabriqué ou utilisé dans tout genre d'industrie, y compris l'agriculture.

Description : la description de l'invention se fait par écrit avec la possibilité d'utiliser des dessins. Élément central de la demande de brevet, elle s'articule avec une ou plusieurs revendications qui vont déterminer l'étendue de la protection conférée par le brevet et ne doivent pas aller au-delà de ce qui est décrit. Elle doit préciser le domaine technique auquel se rapporte l'invention, indiquer l'état de la technique antérieure qui peut être considéré comme utile à la compréhension de l'invention, exposer l'invention de manière à faire comprendre le problème à résoudre et la solution, en montrant les avantages apportés par rapport à l'état de la technique antérieure. Elle doit indiquer un mode de réalisation de l'invention et son application industrielle.

Dans le cas des biotechnologies, il existe un système normalisé de listage des séquences de nucléotides et d'acides aminés revendiquées (OEB, OMPI). Un être vivant ne pouvant être décrit à suffisance, il a fallu compléter ou remplacer la description par un dépôt dans une institution habilitée. Cela pose des problèmes d'accès des concurrents au dépôt, moins bien accepté que l'accès des concurrents à la description. Ces institutions doivent garantir la viabilité et l'absence de contamination des matières et êtres vivants déposés.

Les obtenteurs, eux, avaient choisi de résister à l'attraction du brevet — en inventant un dispositif adapté au particularisme de leur manière d'innover, rompant avec les modèles juridiques existants.

Le droit d'obtention végétale ou comment introduire le vivant dans les propriétés intellectuelles

L'évolution interne du droit de brevet a des limites. Si la manière d'innover dans un domaine particulier de la technique est trop spécifique, cela justifie la création d'un nouveau type de droit, on parle alors de droit *sui generis,* dont la multiplication est critiquée par nombre de juristes craignant l'émiettement de la propriété industrielle (Azéma, 1990). C'est donc en se confrontant au vivant que, pour la première fois, le brevet parut inadapté, mais aussi inadaptable, à ceux qui s'étaient qualifiés « obtenteurs » de variétés végétales et non inventeurs, signifiant ainsi qu'ils ne créaient pas *de novo*, mais obtenaient quelque chose de nouveau du fonds génétique avec lequel ils travaillaient. Leur obtention serait un jour insérée dans un agro-écosystème où elle devrait survivre. Ils réfléchissaient depuis le début du XXe siècle à la nécessité de mettre en place un système de protection qui leur soit propre, mais butaient sur un droit des brevets qu'ils jugeaient inadapté pour toute une série de raisons : impossibilité de la description ; nouveauté, activité inventive et manière de se distinguer de « l'état de la technique » tellement spécifiques qu'il semblait difficile de se couler dans les cadres ; volonté de lier le droit de propriété intellectuelle à des caractéristiques exigées des variétés, etc. Mais, si une partie de ces exigences pouvait se satisfaire d'un droit de brevet modifié, comme l'avaient fait les industriels de la chimie, un point était non négociable, ce qu'ils appelaient « le libre accès à la ressource génétique », qui heurtait de plein fouet les fondamentaux du droit des brevets concernant l'étendue du droit accordé au breveté.

En effet, tout inventeur qui innove en utilisant une invention brevetée par un tiers, peut bien obtenir un brevet s'il remplit les conditions de brevetabilité pour sa propre invention, mais il reste dépendant du premier breveté, quelle que soit l'importance de son apport. Il doit donc, pour exploiter son brevet dépendant, obtenir l'autorisation du premier breveté et lui payer une redevance. Les obtenteurs admirent qu'avec leur mode d'innovation intrinsèquement cumulatif, la condition du progrès technique était d'avoir un accès libre et gratuit à toute la diversité biologique désirable : variétés anciennes et parents sauvages, y compris dans les centres d'origine des variétés cultivées[7], mais aussi variétés elles-mêmes protégées dans la mesure où elles concentrent tout un « pool » de caractères qui contribuent ensemble et pas seulement séparément à l'intérêt de la variété. S'il fallait protéger chacun des éléments constitutifs et des procédés utilisés, cela conduirait à une multiplication ingérable des titres de protection. De manière inattendue dans un monde qui veut des pouvoirs toujours plus grands, ils revendiquèrent un droit de propriété intellectuelle moins étendu que le droit des brevets classique.

Ils vont donc, en 1961, créer l'Union pour la protection des obtentions végétales (UPOV, 70 États à ce jour) et inventer un nouveau type de droit intellectuel, le droit d'obtention végétale, consacré par un certificat d'obtention végétale (COV) construit pour refléter une modalité d'innovation particulière

[7] Les plantes cultivées ont été domestiquées dans diverses régions du monde, du Moyen-Orient pour le blé au Mexique pour le maïs : ces pays sont désignés comme « centres d'origine » et caractérisés par une forte diversité d'ancêtres des variétés utilisées aujourd'hui. Ils apparaissent donc comme des réservoirs de gènes qui ont été perdus au fil du temps. En effet, l'amélioration des plantes est un processus de sélection de caractères bénéfiques pour l'homme (taille des grains par exemple), et de contre-sélection de caractères gênants (répulsifs chimiques par exemple), souvent liés à l'autodéfense des plantes (Harlan, 1987 ; Haudricourt, Hedin, 1987 ; Vavilov, 1951).

liée au fait qu'il s'agit d'organismes vivants. L'histoire de ce droit montre comment un milieu professionnel issu de l'agriculture (celui des sélectionneurs), parvient à élaborer un droit exclusif, en s'inspirant des droits intellectuels existants tout en s'en éloignant, ce qui va lui permettre de perpétuer le particularisme de ses stratégies d'innovation (Hermitte, 1983 ; Heitz, 1987). Le droit d'obtention végétale exige la nouveauté, comme en droit des brevets, mais celle-ci s'apprécie différemment, car elle doit couvrir les mutations spontanées ou provoquées qui pourraient être considérées comme des découvertes non brevetables ou des inventions n'impliquant pas une activité inventive suffisante : on parlera plutôt d'expérience, de coup d'œil, de savoir-faire, d'intuition, toutes les qualités qui permettent d'une part de repérer la pépite dans un magma de possibilités, d'autre part de concentrer des qualités dans un organisme équilibré capable de vivre dans des environnements spécifiques ; un obtenteur français évoqua devant moi la figure du sélectionneur artiste.

On protègera les variétés nouvelles au sens où elles n'ont jamais été vendues ou distribuées, mais on exige surtout qu'elles soient distinctes des variétés connues. C'est l'écart, la distance par rapport aux variétés les plus proches, qui justifie l'attribution d'un droit. Puis, comme le vivant est divers et qu'il parut préférable de vendre aux agriculteurs des semences caractérisables commercialement, les obtenteurs exigèrent que les variétés soient stables d'une génération à l'autre et homogènes au sens où tous les individus d'une même génération doivent être identiques, autant que le vivant le permet, c'est-à-dire jamais totalement (Ducos, Joly, 1993 ; Bonneuil, Thomas, 2009). Le mouvement des « semences paysannes[8] » critique ces conditions et revendique l'usage de populations hétérogènes en évolution (Demeulenaere, Bonneuil, 2011).

---

[8] http://www.semencespaysannes.org

Mais la caractéristique principale, celle qui a, plus que les autres, motivé la création d'un droit spécifique fut l'accès libre et gratuit des sélectionneurs à la ressource génétique contenue dans les variétés protégées.

Conditions de la protection d'une variété végétale

Sont protégeables les variétés de certains genres et espèces, définies comme un « ensemble végétal d'un taxon botanique du rang le plus bas connu », défini par l'expression des caractères résultant d'un certain génotype ou d'une certaine combinaison de génotypes, apte à être reproduit conforme.

Nouveauté, distinction, homogénéité, stabilité

La variété est réputée nouvelle si, à la date de dépôt de la demande, elle n'a pas été vendue ou remise à des tiers.

La variété est réputée distincte si elle se distingue nettement de toute autre variété dont l'existence, à la date de dépôt de la demande, est notoirement connue, par l'expression d'au moins un caractère. Lorsque la deuxième variété ne se distingue pas nettement sans être identique, elle est dite variété essentiellement dérivée, obtenue aussi bien par sélection d'un mutant naturel ou induit, ou d'un variant somaclonal, sélection d'un individu variant parmi les plantes de la variété initiale, rétrocroisement, que par transformation par génie génétique.

La variété est réputée homogène si elle est suffisamment uniforme dans ses caractères pertinents, sous réserve de la variation prévisible compte tenu des particularités de sa reproduction sexuée ou de sa multiplication végétative.

La variété est réputée stable si ses caractères pertinents restent inchangés à la suite de ses reproductions ou multiplications successives, ou, en cas de cycle particulier de reproductions ou de multiplications, à la fin de chaque cycle.

La conformité à ces conditions doit être examinée, et à cette fin, la variété est mise en culture pour effectuer les essais nécessaires.

Exceptions au droit exclusif de l'obtenteur

Le droit d'obtenteur ne s'étend pas aux actes accomplis dans un cadre privé à des fins non commerciales, aux actes accomplis à titre expérimental et aux actes accomplis aux fins de la création de nouvelles variétés.

Tout obtenteur peut utiliser les obtentions protégées de ses concurrents à la condition de s'en éloigner suffisamment pour que sa propre variété soit distincte de toutes les autres[9]. Au contraire, en droit des brevets, l'utilisation d'une invention brevetée pour mettre au point une nouvelle invention implique l'autorisation du premier inventeur, autorisation qu'il peut refuser. S'il accepte, le licencié devra payer des redevances.

Le droit d'obtention végétale n'est pourtant pas exempt de critiques.La première concerne la manière dont il est lié à un mécanisme de mise sur le marché qui lui est spécifique, puisqu'une variété peut être protégée par un certificat d'obtention végétale (COV), sans pouvoir être vendue. Pour l'être, encore faut-il qu'elle soit inscrite au Catalogue officiel des variétés protégées. Celui-ci exige également l'homogénéité et la stabilité et n'accepte que des variétés qui, d'une manière ou d'une autre, représentent un progrès par rapport à celles qui sont déjà sur le marché. Les exigences portent sur certains critères légitimes, entre autres, sanitaires, mais aussi sur des performances. Or là, il s'agit de choix politiques qui, en l'état, ont favorisé l'évolution vers l'agro-industrie plus que l'agro-écologie. Un nombre de variétés souhaitées par certains sont exclues, pour défaut d'homogénéité ou pour des rendements insuffisants, ce qui est le cas des semences dites « paysannes ». Mais bien d'autres critères pourraient être pris en compte, tel le goût, que l'on obtient fréquemment au prix d'une diminution des rendements. De plus, puisqu'une variété ne peut plus être vendue lorsqu'elle n'est plus inscrite au catalogue, elle n'est plus cultivée. Gardée un temps dans des collections, elle disparaît souvent corps et bien. Le domaine public, qui fait partie du contrat social des droits

---

[9] Sur les variétés essentiellement dérivées, cf. l'avis du HCB « Biotechnologies végétales et propriété industrielle », http://www.hautconseildesbiotechnologies.fr/sites/www.hautconseildesbiotechnologies.fr/files/file_fields/2015/06/29/130612proprieteindustriellerecommandationceeshcb.pdf

de propriété intellectuelle, est ici beaucoup moins assuré que dans le droit des brevets où tout est écrit et conservé dans d'immenses archives techniques de l'humanité. Tout, sauf dans le domaine des biotechnologies qui repose, là encore sur le dépôt et le maintien des organismes : s'ils disparaissent ou dérivent, le domaine public les perd (Anvar, 2008).

Le deuxième point de friction concerne les « semences de ferme » au sens de la loi sur l'obtention végétale, soit l'organisation du droit des agriculteurs à semer une partie de ce qu'ils ont récolté, pratique ancienne que le droit d'obtention végétale avait rendue illégale. Depuis la loi du 8 décembre 2011, il est permis à un agriculteur de garder une partie de sa récolte pour servir de semences l'année suivante, à la condition de payer une compensation financière au titulaire du droit sur la variété utilisée. Le montant peut faire l'objet d'un accord collectif comme dans le cas du blé tendre, ou d'un accord amiable au cas par cas. Les « petits agriculteurs », définis en droit européen en termes de surface d'exploitation et de tonnage de production, en sont exonérés. La SICASOV, organisme collectif représentant les obtenteurs, récupère les montants dus et poursuit les récalcitrants avec des dommages-intérêts relativement importants. Le système est identique lorsque la variété contient un gène breveté, l'obtenteur prélevant son propre droit et le droit du titulaire du gène breveté.

Pourtant, la brevetabilité des gènes pose d'autres problèmes aux agriculteurs, qui peuvent se retrouver contrefacteurs dans des hypothèses diversifiées. Le Canada et les États-Unis ont ainsi été le théâtre d'affaires aussi célèbres que l'affaire Schmeiser ou l'affaire Bowman, bien différentes l'une de l'autre. Dans la première, qui n'a jamais été totalement élucidée, je tends à penser que Schmeiser avait remarqué la contamination de son champ et sélectionné la récolte en l'arrosant de Round up pour ne garder que les grains tolérants. Pour autant, ce n'était pas cette tolérance qui l'intéressait, mais la variété elle-même, dans sa composante non transgénique qui n'était pas disponible sur le marché. Dans certaines parcelles de son exploitation, il ne planta plus que la variété transgénique, au titre de ses performances non liées au gène de tolérance, mais ne profita pas économiquement du transgène puisqu'il n'utilisait pas de Round up. Raison pour laquelle la Cour suprême du Canada le reconnut contrefacteur, le 21 mai 2004, tout en l'exemptant de dommages-intérêts[10]. Bowman, lui, acheta le soja Round up breveté en choisissant non des semences, mais du grain destiné à l'alimentation du bétail qui n'a pas le statut de semence. Il réensemença régulièrement son exploitation avec ces grains mais, contrairement à Schmeiser, utilisa le Round up, donc utilisa la fonction brevetée. La Cour suprême des États-Unis le condamna, le 13 mai 2013, comme contrefacteur[11].

Mais un agriculteur peut aussi se retrouver contrefacteur sans l'avoir voulu, ni même toléré, lorsqu'il subit un flux de gènes d'un champ voisin utilisant des semences transgéniques[12]. La France a pris ce problème en considération en prévoyant que le titulaire du brevet ne peut pas faire d'action en contrefaçon en cas de « présence fortuite ou accidentelle d'une information génétique brevetée dans des semences, des matériels de multiplication des végétaux, des plants et plantes ou parties de plantes ».

---

[10] https://scc-csc.lexum.com/scc-csc/scc-csc/fr/item/2147/index.do

[11] May 13, 2013, http://www.supremecourt.gov/opinions/12pdf/11-796_c07d.pdf

[12] Le cas est étudié par le Haut Conseil des biotechnologies dans son « Avis sur la coexistence : définition des conditions techniques relatives à la mise en culture, la récolte, le stockage et le transport des végétaux génétiquement modifiés visant à éviter la présence accidentelle d'OGM dans d'autres productions », http://www.hautconseildesbiotechnologies.fr/fr/avis/avis-sur-coexistence-definition-conditions-techniques-relatives-a-mise-culture-recolte-stockage

En Europe, le droit de l'obtenteur n'empêche pas les agriculteurs d'utiliser à des fins de reproduction ou de multiplication, sur leur propre exploitation, le produit de la récolte qu'ils ont obtenu par la mise en culture de la variété protégée, sous réserve du paiement d'une indemnité à l'obtenteur.

En principe donc, tout se passe comme si l'ensemble du vivant constituait dans l'imaginaire originaire des obtenteurs une « chose commune », accessible à tous, inappropriable par quiconque, selon les termes de l'article 714 du Code civil : « Il est des choses qui n'appartiennent à personne et dont l'usage est commun à tous. Des lois de police règlent la manière d'en jouir ».

Dans les dernières années pourtant, sans que cette chose commune ait totalement disparu, les dispositifs internationaux réglant la manière d'en jouir ont organisé et limité l'accès à tel point que l'on peut se demander si elle n'est pas désormais limitée aux seules variétés végétales protégées par un DOV : en effet, la FAO avait voulu imposer l'idée, en 1983 puis en 1989, que les ressources des plantes cultivées soient patrimoine commun de l'humanité. Cela permettait dans les faits, d'avoir un accès gratuit à toutes les ressources de la planète, et de les introduire dans des inventions brevetées ou des variétés protégées par un DOV, réalisant ce que l'on appelle la biopiraterie (Bellivier, Noiville, 2009). La Convention sur la diversité biologique réagit en posant comme principe, en 1992, la souveraineté nationale sur les ressources biologiques, dans ce cas essentiellement les ressources sauvages : celles-ci sortaient de la catégorie « patrimoine commun de l'humanité » pour devenir des objets de droits souverains.

La FAO ne s'est pas avouée vaincue et est parvenue à faire adopter en 2001 le Traité international sur les ressources phytogénétiques pour l'alimentation et l'agriculture (Tirpaa), entré en vigueur le 29 juin 2004. Propre aux ressources d'origine agricole, il rétablit le libre accès gratuit aux ressources génétiques dites du « domaine public », placées dans des banques par les États ou des entreprises privées y compris aux variétés végétales protégées par un droit d'obtention végétale (64 espèces agricoles) ; à cela une exception si les ressources fournies par ces banques servent à une invention brevetée, auquel cas il faudra verser une compensation, qualifiée de part équitable des avantages. Ce système dit « système multilatéral d'accès facilité » est cohérent avec la convention UPOV qui prévoit déjà ce libre accès entre obtenteurs (sauf dans l'hypothèse où cela débouche sur une variété dérivée) et il profite essentiellement aux professionnels de l'amélioration des plantes pour lesquels il constitue une vaste banque de gènes, publique et gratuite (Thomas, 2014).

Enfin, le Protocole de Nagoya ordonnance l'accès aux ressources génétiques non agricoles dans une perspective de partage des avantages entre fournisseurs et utilisateurs de ressources et de connaissances dites traditionnelles, et repose sur le principe de l'autorisation préalable et de l'accord donné en connaissance de cause par les États souverains avec une intervention plus ou moins organisée des communautés locales et des peuples autochtones[13].

Autrement dit, les obtenteurs et les banques de ressources publiques sont les seuls à laisser leurs ressources en libre accès, ce qui est d'un intérêt considérable pour le progrès génétique mais permet aux industriels de la biotechnologie

---

[13] https://www.cbd.int/abs/doc/protocol/nagoya-protocol-fr.pdf

brevetant les gènes qu'ils y trouvent de capter ces ressources à leur profit.

Les différences considérables entre le droit de brevet et le droit d'obtention végétale sont le reflet d'un mélange d'incompréhension et d'affrontement entre inventeurs et obtenteurs, dont les divergences reposent sur des visions du vivant qu'historiquement, tout séparait : l'origine sociale — ingénieurs urbains contre ruraux, paysans, agronomes, *gentlemen farmers* — et, bien sûr, une pratique de laboratoire d'un côté, un rapport empirique à la terre cultivée et aux climats de l'autre, même si les obtenteurs font un intense travail de laboratoire également. Avec en surplomb, de profonds changements culturels liés à l'évolution scientifique longue qui fait lentement pénétrer la théorie de l'évolution dans les esprits. Ce sont ces différences d'approche qu'il faut mesurer maintenant.

Le vivant, objet d'industrie ou monde animé ? Les mots de l'affrontement

Les sélectionneurs avaient réussi, entre les années 1920 et les années 1960, à imposer l'idée que, pour faire progresser les semences, il fallait utiliser des ressources que l'on trouvait dans des parentèles, chez les plantes cultivées et leurs cousins sauvages. Ils s'étaient appuyés sur une vision du vivant, scientifique certes, mais liée à une expérience paysanne millénaire qui résonnait avec le sens commun, l'expérience vécue par tous (Chateauraynaud, 2004). Ceux qui, 20 ans plus tard, inventeront les premières plantes génétiquement modifiées, chercheront loin de la parentèle dans un réservoir illimité de gènes d'intérêt, et assembleront un Meccano : c'était l'enivrante liberté des gènes de souris ou de lucioles dans le tabac. Portée par l'industrie chimique qui avait derrière elle deux siècles de progrès techniques et un droit au brevet obtenu de haute lutte, cette vision fut soutenue par un certain nombre de scientifiques, vulgarisateurs imprudents ou créateurs de start-ups, et de responsables des services de propriété industrielle des grandes institutions de recherche. Les opposants sont difficiles à qualifier car ils viennent de courants de pensée beaucoup plus divers, voire divisés entre eux. Ils couvrent un large spectre de spécialistes de l'évolution, botanistes, philosophes, féministes, écologistes, religieux, paysans, défenseurs des animaux, altermondialistes ; ce que Joseph Strauss, conseiller de la Commission européenne pour la rédaction de la directive sur la brevetabilité des inventions biotechnologiques, qualifia de « fatras ».

Les visions industrielles du vivant

Les auteurs qui les promeuvent sont nombreux, souvent dédiés à cette tâche ; ils ont une compétence incontestable en droit des brevets et sont faciles à attraper dans les filets bibliographiques. Une partie de leur force vient de leur inscription dans une longue tradition de philosophie politique et juridique qui valorise l'intelligence humaine, seule à même de donner au monde sa forme, en modelant la nature. Ils chantent l'avenir de la révolution biotechnologique, radieux et sans limite. La confrontation avec les opposants sera menée avec une certaine colère. Malgré la base essentiellement économique de leur positionnement, ils ne sont pas exempts de fortes émotions.

Une nature inintelligente qui doit être exploitée

Au XIXe siècle, C. Renouard, normalien et professeur de philosophie avant d'entamer une carrière d'avocat et d'homme politique, exprimait ainsi la pensée commune : « Que l'intelligence ait empire sur les choses ; que l'homme soit le maître légitime de la nature inintelligente livrée à lui pour le servir, c'est là une vérité trop évidente pour n'être pas incontestée ». « Le sujet de la propriété, c'est l'homme. La nature inintelligente lui a été donnée pour qu'elle le serve et pour qu'il l'exploite (...) Les choses qu'un individu ou qu'une association n'a pas faites siennes, restent un bien vacant, un bien inutile à l'espèce humaine, ou plutôt elles ne sont pas encore un bien » (Renouard, 1836-1837). Faire produire à la nature tout ce qu'elle peut rendre est un devoir moral, et ce courant de pensée traverse tout le droit. N'oublions pas que l'incapacité de certains peuples à exploiter de manière rationnelle les richesses, agricoles et minières de leur territoire, fut la justification morale ultime de la colonisation. En 1932 encore, G. Scelle s'appuiera sur cette idée pour faire de la colonisation un « service public international » (Scelle, 1932).

L'exploitation de la nature par l'inventivité humaine est le propre de l'homme, l'honneur de l'humanité. Ce sentiment, toujours vivace, marque de son empreinte la directive européenne sur la brevetabilité des biotechnologies qui, en 1998, justifie son choix politique de breveter ces organismes vivants par des techniques que « seul l'être humain est capable de mettre en oeuvre » et que « la nature est incapable d'accomplir par elle-même ». En 2001, le député Alain Claeys justifie aussi le droit des brevets par cette idée : il est « dans la nature profonde de l'Homme de vouloir aller toujours plus avant dans l'élucidation des mystères de la nature » ! (Claeys, 2001). Le système de récompense repose sur la supériorité humaine.

Les biotechnologies, au premier plan des espérances économiques du monde

Dans la seconde moitié du XXe siècle, c'est la rationalité économique qui passe au premier rang de l'argumentation. L'industrie va construire l'image de biotechnologies se substituant aux autres modes de production devenus obsolètes. Il faut pouvoir breveter les inventions qui permettront ces révolutions, malgré les traditionnelles exclusions de brevetabilité qui pèsent sur les découvertes, les produits de la nature et les procédés naturels, en interprétant ces concepts de manière si restrictive qu'ils cesseront, ou à peu près, de jouer un rôle. Cela culmine aux États-Unis, avec l'admonestation célèbre de la Cour suprême : « Congress intended statutory subject matter to include anything under the sun that is made by man ».

Alors, l'OCDE s'active, l'Organisation mondiale de la propriété intellectuelle (OMPI), qui a mis en place un comité d'experts sur les inventions biotechnologiques, se réunit à Genève et affirme que l'ensemble des innovations portant sur des organismes vivants doivent être brevetées ; plus aucune exclusion n'est justifiée dans le monde nouveau qui est en train d'être inventé (1e session, Genève, 5-8 novembre 1984[14]). En France, un premier article est publié en 1981 par Dolly Darmon, travaillant à l'Institut national de la propriété industrielle (Inpi), donc au cœur du système où elle est en charge de ce nouveau secteur. Elle admet qu'en l'état, un produit de la nature comme un micro-organisme n'est pas brevetable, mais qu'il pourrait le devenir en raison de son utilité industrielle car la microbiologie est « au premier plan des espérances économiques du monde » (Darmon, 1981). En Europe, dès 1984, la Commission rédige l'avant-projet de ce qui deviendra quatorze ans plus tard la directive sur la brevetabilité des inventions biotechnologiques. En 1987, c'est au tour de la Chambre de commerce internationale (CCI) de prendre parti en publiant la *Déclaration de la CCI* : le système des brevets est le meilleur outil d'incitation à la recherche et à l'innovation. Il n'y a aucune raison de traiter les plantes différemment des microorganismes ou de tout autre élément, vivant ou non ; tout cela doit pouvoir être

---

[14] http://www.wipo.int/edocs/pubdocs/fr/intproperty/120/wipo_pub_120_1985_index.pdf

breveté, et il ne faut pas se limiter à la brevetabilité des seuls procédés (Fowlston, 1990).

L'un des arguments de la Chambre de commerce internationale a été marquant pour les politiques, celui du soutien à la recherche publique et aux petites entreprises. Effectivement, la décennie 1980 est marquée par une forte activité de découverte des gènes par les établissements publics de recherche et des *start-up* qui se créent autour de quelques brevets car c'est leur richesse principale dans une « économie des promesses » où l'on doit investir « sur des inventions très éloignées du marché dont rien ne permet de prédire qu'elles aient la moindre valeur opératoire » (Joly, 2013).

Rétrospectivement, il faut se rendre à la raison. Aujourd'hui, l'essentiel des brevets sur les gènes est détenu par quatre grandes multinationales ; s'il y a bien de petites entreprises qui vivent de tels brevets, elles sont souvent fugaces, et c'est la concentration qui est le phénomène marquant (Marco, Rausser, 2008). La prédiction sur la valeur économique des gènes d'intérêts était juste et les prophètes de malheur sur l'effet concentration avaient raison.

Les années 1980 se marquent par une attaque en règle de l'industrie contre la convention sur la protection des obtentions végétales (UPOV), qui serait fondamentalement inadaptée à l'encouragement de la recherche et du progrès nécessaire dans le domaine de la biotechnologie végétale moderne. On est entré dans un affrontement entre les « Anciens », issus du monde de l'agriculture, un « monde de jardiniers » me dira-t-on un jour, et les « Modernes », issus de la biochimie, qui promettent un monde sans limite, promesse qui sera reprise au début des années 2000 par les fantasmes transhumanistes. Quand l'industrie fustige l'irrationalité de ses adversaires, c'est pourtant de son côté qu'est la vision magique du monde (Cassier, 2007).

Dangereuses métaphores

La vision industrielle du vivant a donc été légitimée par des promesses de maîtrise qui, elles-mêmes, ont reposé sur des métaphores que de grands scientifiques et philosophes ont imposées d'autant plus facilement que les effets de miroir entre les automates et le vivant peuvent se revendiquer d'une longue tradition, la modernité va simplement les teinter de cybernétique et de chimie. Qu'il s'agisse de Jacques Monod (1970), de François Jacob (1970) ou de Gilbert Simondon (1958), chacun différemment, ils ne se contentent pas de confirmer de manière toujours plus précise la matérialité du mode d'être des organismes vivants et des modalités d'existence d'objets inertes, ils en arrivent à brouiller, sinon à effacer la différence entre le monde vivant et le monde inanimé. François Jacob, qui n'est pourtant guère susceptible d'être soupçonné de réductionnisme, parle d'une « différence de complexité, pas de nature » ; « la bactérie est une petite usine chimique capable d'effectuer environ deux mille réactions ». Dans son discours de réception à l'Académie française le 20 novembre 1997, il évoque le changement total de perspective survenu dans le monde de la biologie : « Le monde vivant (...) ressemble aux produits d'un gigantesque Meccano résultant d'un bricolage incessant de l'évolution ». Jacques Monod insiste sur le fait que le but de la cellule-usine est de produire d'autres usines identiques (Monod, 1970 ; Jacob, 1970). Un article du journal *Le Monde*[15], réalisé en 1996 avec *Nature*, pousse le trait : « L'image traditionnelle de la cellule a vécu », c'est aujourd'hui une « usine microscopique », avec un « petit moteur moléculaire », des protéines « locomotives » transportant des « cargaisons »

---

[15] Surridge C., *Le Monde,* 10 mai 1996.

au cours d'un « étonnant trafic ferroviaire ». Machinerie cellulaire, ingénierie génétique, briques du vivant, chaînes d'assemblage, photocopieuses : on semble ne plus imaginer autre chose que le vocabulaire de l'ingénieur.

Se reconnaître vivant parmi les vivants serait-il à ce point traumatisant ? Comment passe-t-on de cette mécanique aux droits de l'homme et à l'intérêt pour les autres vivants ?

Malheureusement, la métaphore chimique va être prise au sérieux par les juges et les politiques. Ce sont les juges américains qui iront le plus loin, dans cette simplicité faussement naïve qui fonde le marché. En 1978, la décision *In Re Bergy* décrit un homme tout-puissant[16] : « It is clear to me that the "biologically pure culture" of Claim 5 is a product of a microbiologist and not a product of nature. In fact, we see no legally significant difference between active chemicals which are classified as "dead" and organisms used for their chemical reactions which take place because they are "alive." Life is largely chemistry ». Il devient possible, puisque le droit américain des brevets repose largement sur le concept de manufacture, de parler de bacterifacture, et les chercheurs de la bien-nommée *City of Hope* (Genentech) arrivent à ne produire rien moins que l'insuline humaine elle-même[17].

Mais, continuent les magistrats, si les bactéries sont des usines chimiques, alors il faut donner à leurs constructeurs les mêmes avantages économiques que ceux que les brevets accordent à l'industrie chimique : « We see no reason to deprive it or its creator or owner of the protection and advantages of the patent system (…) on the sole ground that it is alive ». Devrait-on avoir peur des conséquences de ce choix par un effet de pente glissante ? Non, répondent les juges : « Microorganisms are much more akin to inanimate

---

[16] https://casetext.com/case/in-re-application-of-bergy-2

[17] http://www.cityofhope.org

chemical compositions such as reactants, reagents, and catalysts than they are to horses and honeybees or raspberries and roses » (…) « As for the board's fears that our holding will of necessity, or "logically," make all new, useful, and unobvious species of plants, animals, and insects created by man patentable, we think the fear is far fetched ». Pourtant, moins de dix ans plus tard, ce sera chose faite ; végétaux et animaux seront brevetés.

Désigner ses ennemis

Les troupes de l'opposition à la brevetabilité des biotechnologies, quoique peu nombreuses et très désargentées, parlaient fort sur une vague de sondages d'opinion qui allaient dans leur sens. Chacun désignait son ennemi.

L'ancien directeur de l'Institut national de la propriété industrielle, homme aimable et courtois, lança l'offensive sur un large front, tonnant contre ces moralistes, opposants à la fécondation *in vitro*, activistes, écologistes sentimentaux, néo-vitalistes, tous ennemis de la recherche, de l'industrie et du progrès (Savignon, 1990). Cette série d'affirmations semblait suggérer à la fois une campagne orchestrée, et pourtant des motivations très diverses, toutes également critiquables ou ridicules. L'opposition bien réelle qu'il mentionne n'était le fait que de très petits groupes, voire d'individus, non reliés entre eux ; les agriculteurs ne s'étaient pas encore fait entendre, et quand ils le feront, ils seront difficilement audibles. Ceux qui s'y opposeront clairement, comme la Confédération paysanne, lieront le refus du brevet à celui des OGM, plus visible dans le public. Par réaction, ceux qui promeuvent ou au moins acceptent les OGM, accepteront le brevet par voie de conséquence, même si c'est du bout des lèvres.

La colère de François Savignon portait sur le lien que les opposants au brevet sur le vivant avaient établi entre éthique et droit des brevets. Non que ce lien ait été une nouveauté, car l'éthique n'était que la nouvelle appellation de la traditionnelle exclusion de brevetabilité des inventions contraires à « l'ordre public et aux bonnes mœurs ». Mais elle avait été comme oubliée, tant elle servait rarement, et la ranimer posait des problèmes bien réels. Tout d'abord, chaque État interprétant l'ordre public et les bonnes mœurs à sa manière, cela pouvait retarder l'unification tant souhaitée du droit des brevets, entraînant des divergences dans la détermination de ce qui est brevetable et de ce qui ne l'est pas : on serait conduit à réexaminer tout le problème du statut juridique de l'invention, pêché capital.

Pour parer ce risque, on put compter d'abord sur l'Office européen des brevets ; une chambre de recours, saisie d'une opposition au brevet sur un gène humain, ce qui constituait le point le plus sensible, n'hésita pas. Elle expliqua que, pour exclure une invention de la brevetabilité, il fallait se demander si l'invention apparaîtrait au public comme si « répugnante » qu'il serait inconcevable de la breveter. Or la plupart des inventions, y compris les plus dangereuses, ont aussi des usages jugés positifs.

La doctrine ne fut pas en reste pour neutraliser le lien possible entre éthique du vivant, ordre public, bonnes mœurs et brevet. En 1990, quand Jean-Christophe Galloux, professeur de droit et avocat, plaide pour la brevetabilité des animaux-chimères, qu'il appelle volontiers animaux-fermenteurs, il commence par montrer comment les obstacles d'ordre éthique sont « surmontables » (Galloux, 1990). Il est plus offensif en 1993 dans une chronique au Dalloz, « Éthique et brevet, ou le syndrome bioéthique[18] » : la bioéthique serait devenue une obsession, cause de désordre, de dérive fondamentale, bref une maladie. L'expression « brevetabilité du vivant » ne serait d'ailleurs qu'un raccourci trompeur car le vivant n'existe pas

---

[18] Dalloz, 1993, Chr. P.83.

comme catégorie juridique (Galloux, 1996). C'est exact, mais cela existe dans les mentalités qui influencent le droit.

De fait, pour l'industrie des biotechnologies, l'enjeu du brevet était crucial et immédiat : il s'agissait d'organiser le développement industriel et commercial des biotechnologies en allant le plus rapidement possible jusqu'au marché ; d'utiliser le secteur public de la recherche pour des recherches fondamentales éloignées du marché ou comme prestataire de services plutôt que comme concurrent capable de mettre au point des produits commercialisables ; de privilégier certaines directions de recherche, celles qui débouchent sur des produits brevetables — les tests génétiques par exemple — plutôt que des méthodes diagnostiques non brevetables ou des variétés végétales protégées par COV. Mais l'enjeu portait aussi sur le brevet en général, que ses promoteurs voulaient le plus neutre possible pour que son champ d'application soit le plus large possible. Tout devait pouvoir être brevetable et, pour ce faire, il fallait montrer que les brevets sur les choses vivantes sont plus anciens qu'on ne le dit (d'où l'éternelle reprise des soi-disant brevets de Pasteur, qui protégeaient en fait le procédé utilisant une levure et le résultat obtenu, mais pas la levure elle-même) et qu'il ne faut pas mêler de considérations extérieures au droit des brevets.

Il y eut donc aux États-Unis, de manière très majoritaire, une offensive brutale en faveur d'un droit au brevet sans limite, tel que pouvaient le présenter des travaux comme ceux d'Edmund Kitch, partisan de la brevetabilité par défaut, y compris pour les découvertes et tout ce qui n'a pas d'application industrielle à ce jour, mais en aura peut-être[19] : ou le *Everything is Patentable* de M. Risch (Risch, 2008). Puissant courant de l'école de Chicago, en face de travaux

---

[19] *The nature and function of the patent system*http://www.law.virginia.edu/pdf/faculty/hein/kitch/20jl&econ265_1977.pdf

ultra-minoritaires comme ceux de Madhavi Sunder, pour laquelle les propriétés intellectuelles n'ont pas encore fait leur révolution intérieure consistant à admettre que, même les droits les plus absolus comme le droit de propriété, doivent assumer un horizon de valeurs, ce que l'on appelle la fonction sociale du droit de propriété, que j'ai déclinée en tant que « fonction sociale des exclusions de brevetabilité » (Hermitte, 1990 ; Sunder, 2006).

L'Europe sait mieux suivre que résister. Cette vision va donc s'incarner dans la directive 98/44 qui commence par éviter le substantif vivant pour consacrer la « matière biologique », définie comme matière « contenant des informations génétiques et qui est autoreproductible ou reproductible dans un système biologique ». Ce faisant, elle couvre indifféremment les gènes et les cellules de tous les règnes du vivant, tous « objets techniques ». Ce qui, pour les uns, est le monde vivant, pour les autres est constitué des pièces d'un Meccano. L'acmé est atteinte lorsque l'OEB énonce qu'une « plante définie par des séquences individuelles d'ADN recombinant (...) n'est pas un être vivant concret (...) mais une définition abstraite et ouverte englobant un nombre indéfini d'entités individuelles définies par une partie de leur génotype ou par une propriété que celle-ci leur a conférée[20] ». Cette affirmation glaçante est vraie du point de vue du droitdes brevets, titre incorporel. Mais, outre le fait que le brevet sert à fabriquer des objets brevetés tout-à-fait concrets, le droit des brevets n'est pas le dernier mot du droit, moins encore le tout du monde. Il faut se tourner vers les opposants pour comprendre ce qui se joue derrière les mots, l'enjeu du vivant comme substantif.

---

[20] OEB, Gr. Ch. rec., 20 déc. 1999. *Novartis*, G 1/98.

D'autres visions du vivant

Les mouvements d'opposition au brevet développaient des points de vue différents les uns des autres et relevaient de groupes d'intérêts qui s'ignoraient, s'affrontaient parfois. Cela les empêcha de constituer, ensemble, une force d'opposition crédible. Régulièrement discrédités par l'accusation de sensiblerie[21], ils partageaient pourtant un trait commun, en l'occurrence un certain regard sur la place de l'humanité dans le monde vivant, et sur les autres vivants. Nous essaierons de faire la part entre la sensiblerie propice à la manipulation des émotions et aux conduites erratiques, et la sensibilité bien gouvernée qui aide à entendre une multiplicité d'exigences concurrentes au lieu de céder à l'unanimisme du groupe de pression le plus puissant du moment (Le Coz, 2014).

Des mouvements disparates ignorés des pouvoirs publics

En parlant de fatras, Joseph Strauss, l'homme de la directive 98/44, avait mis le doigt sur la faiblesse bien réelle de groupuscules où chacun est enfermé dans sa chapelle, concentré sur son combat, sans voir le trait commun qui le relie à d'autres (Strauss, 1989).

Beaucoup mettent l'accent sur la nécessité de conserver des choses inappropriables, qu'il s'agisse de ressources génétiques ou de connaissances scientifiques. Mais sur la base de cette considération générale assez largement partagée, les intérêts et les approches sont différents, voire opposés.

On va trouver dans un premier groupe, des altermondialistes opposés à la fois aux OGM et aux brevets — en eux-mêmes, mais aussi comme éléments-clés du capitalisme et des multinationales qui constituent leur cible réelle. Ils stigmatisent le tournant du capitalisme en capitalisme cognitif qui exige en effet la généralisation des droits de

---

[21] Orlhac T., *La brevetabilité des animaux transgéniques*, http://cpi.robic.ca/Cahiers/09-3/05OrlhacW97.htm

propriété intellectuelle à toutes les branches de la technique, et à tous les pays du monde, double extension qui connut une étape essentielle avec la signature des accords de Marrakech (Gorz, 2003 ; Moulier-Boutang, 2007 ; Laval *et al.*, 2011). Se rattache à ce courant altermondialiste les mouvements qui, de la Confédération paysanne à Via Campesina, soutiennent l'utilisation de semences paysannes, le renouvellement de la production agricole passant par l'autonomie des paysans, autonomie qui, elle-même, impliquerait le refus des droits à payer sur les semences protégées.

C'est une perspective toute différente que l'on va trouver chez les semenciers n'utilisant pas les biotechnologies : ils sont inscrits dans une économie capitaliste et veulent que les agriculteurs payent une redevance lorsqu'ils réutilisent une variété végétale protégée ; mais ils veulent garder la libre disposition du pool de ressources génétiques mondiales, entravée par les brevets. Certains politiques vont défendre ce point de vue, dans la stricte limite des intérêts des semenciers, sans pour autant critiquer la décision de brevetabilité généralisée. Ce sera le cas, en France, du sénateur Bizet ; soutien sans faille de l'industrie des biotechnologies, il promeut le brevet mais s'attache à articuler les droits du breveté avec les droits des semenciers sur les variétés végétales utilisant des brevets. En sont proches, des agriculteurs voulant utiliser librement leurs semences quoique leur mode de production soit lié à l'agro-industrie.

Enfin, différents courants de la recherche scientifique, biologistes, agronomes, économistes et juristes, récusaient la brevetabilité généralisée après avoir anticipé les effets à long terme de la superposition des brevets sur un nombre indéterminé de composants, toujours plus nombreux, des organismes vivants. Des microsatellites aux organismes entiers, à d'éventuelles nouvelles espèces et à de vastes populations végétales, les brevets s'additionnent, aboutissant à un blocage du système dont seuls peuvent se sortir les titulaires d'un très grand nombre de brevets, qui échangent entre eux les titres dont ils ont besoin pour exploiter leurs inventions. De plus, la nouvelle économie de la recherche qui en découle, incite voire oblige à multiplier les accords de transfert de matériel, même non brevetés, qui rendent la recherche complexe, lourde et coûteuse.

J'avais, dès 1990, établi dans un rapport demandé par l'Office parlementaire d'évaluation des choix scientifiques et techniques (OPECST), le ressort technique, très simple, de ce phénomène, celui de la dépendance entre les inventions brevetées (Hermitte, 1990) ; dans un système aussi cumulatif que le vivant, les coûts d'une recherche, tant administratifs que financiers, deviennent rapidement exorbitants. Si, dans certains domaines de la technique, ce phénomène peut être plus ou moins contrôlé par la valeur ajoutée importante du produit final et la relative égalité entre les détenteurs de brevets qui échangent leurs titres, ce n'est pas le cas dans le domaine des semences. Les innovations véritables sont, d'une part, les variétés, objets complexes dont la valeur ajoutée reste limitée, d'autre part, dans un nombre de cas limités, les gènes liés à un verrou technologique (les herbicides totaux principalement). Additionner les titres de protection sur tout ce qui contribue au processus d'innovation aboutit à une perte d'autonomie de chacun des inventeurs, favorise le rachat des petites entreprises par les grands groupes, ce qui est contraire à une bonne répartition des entreprises semencières sur l'ensemble des territoires, seul moyen d'assurer l'adaptation des variétés aux conditions locales de production.

Ce raisonnement juridique fut conforté par des analyses économiques réalisées avec Pierre-Benoît Joly (Joly, Hermitte, 1993), repris par une juriste américaine (Eisenberg, Heller, 1998) ou des économistes comme C. Henry et J. Tirole (Tirole *et al.*, 2003). Cette crainte de l'accumulation de titres était partagée par de nombreux scientifiques attachés à une vision ouverte de la science, patrimoine commun de l'humanité, *open source*, *creative commons*. Mais la plupart d'entre eux agirent trop tard, que l'on pense, en France, à l'avis des trois académies, l'Académie de médecine, l'Académie des sciences et l'Académie des sciences morales et politiques, qui demandèrent à ce que les brevets soient limités aux procédés sans concerner les produits. Il fut rendu public le 19 juin 2000, deux ans après l'adoption de la directive 98/44, 20 ans après les grandes décisions de l'OEB, dont il demande d'ailleurs la révision ! Quand Maurice Cassier montre l'urgence « d'instaurer les génomes, humain et non-humains, comme des biens communs de la recherche, de la santé et de l'agronomie », on est en 2003 (Cassier, 2003a, 2003b) !

Force est de constater que, si Daniel Chevallier, le député des Hautes-Alpes qui s'était chargé du rapport sur la brevetabilité des biotechnologies applicables à l'agriculture, avait bien conclu, en 1990 et donc à temps, à la nécessité de ne pas s'engager dans la voie du brevet, tous ses efforts d'explication n'ont servi à rien. Les gouvernants, nationaux et européens, étaient aveugles à toute autre image que l'éternelle suite logique de l'oligarchie des partisans du brevet : société de la connaissance, biotechnologies salvatrices, nécessité du brevet, compétitivité de l'industrie européenne.

Bien d'autres groupes récusèrent le brevet. Les féministes sont fréquemment opposées au brevet, à l'instar de Vandana Shiva qui lia écologie, féminisme, opposition aux OGM et aux brevets, sans que la nature de ces liens ne m'ait jamais convaincue. Des groupes religieux s'opposèrent également à ce qui pouvait apparaître à certains comme une captation de l'héritage divin. Les écologistes, avec beaucoup d'agriculteurs et d'éleveurs, y voyaient une incitation à des formes d'agriculture de plus en plus intensives, les défenseurs des animaux, à la fois une réification supplémentaire de l'animal et une incitation à la souffrance car les brevets portent le plus souvent sur des animaux exclusivement destinés à l'expérimentation ou des animaux « fermenteurs » (Galloux, 1990) ou encore des animaux clonés.

Chacun va défendre son champion sans s'appuyer sur la base commune à tous ces groupes, celle d'une révision de la place de l'homme dans le monde vivant.

De la théorie de l'évolution à la vision animiste du monde

L'homme seul en haut de sa pyramide, exploitant la nature inintelligente, a triomphé dans les lieux du pouvoir, mais une autre humanité sait qu'elle est animale, que ses rapports aux autres vivants conduisent à leur disparition ou à leur surexploitation dans des conditions désastreuses. La considération du vivant en tant que tel dessine une communauté de destin entre les vivants (Edelman, Hermitte, 1988), à la condition qu'il n'y ait pas un super-prédateur qui occupe tout l'écosystème[22]. Lentement, la vision du monde de Darwin rapproche les êtres unis par la même origine et la même pulsion de vie. Pour tous ceux qui ressentent cette émotion du destin commun des êtres animés, la brevetabilité du vivant dérange.

L'homme dans son milieu[23]

Le droit aussi s'est imprégné des idées darwiniennes. En 2004, l'exposé des motifs de la Charte de l'environnement franchit le pas, énonçant « que les ressources et les équilibres naturels ont conditionné l'émergence de l'humanité ; que l'avenir et

---

[22] Garric A., L'humain, un « insoutenable » superprédateur. *Le Monde*, 21/08/2015.

[23] L'idée de l'homme habitant, avec d'autres, des milieux, est en partie l'objet de la thèse de droit de Sarah Vanuxem, 2012. *Les choses saisies par la propriété*. Paris, Iris éditions.

l'existence même de l'humanité sont indissociables de son milieu naturel ». Ce texte, qui inscrivait l'humanité dans son milieu et dans la théorie de l'évolution, avait pour objet de fonder une construction juridique plus large, qui était à l'œuvre depuis longtemps et dont je donnerai deux exemples.

Le premier concerne la construction juridique de la notion de diversité biologique. Ce concept s'imposa dans l'ordre juridique international en 1992 lors de la Conférence de Rio. Il permit au législateur de ranger sous cette bannière des dispositifs qui existaient déjà, comme la directive « oiseaux[24] » assurant la protection des biotopes et des habitats des « espèces d'oiseaux vivant naturellement à l'état sauvage sur le territoire européen », et sa généralisation, en 1992, par la directive Habitats, à l'origine du réseau Natura 2000[25], de la notion de région biogéographique, des trames vertes et bleues. Progressivement, il s'agit de recréer un réseau continu permettant aux espèces animales et végétales de circuler pour assurer leur reproduction et leur alimentation en fonction des saisons. C'est la « continuité écologique » nécessaire à la diversité biologique.

Une appréciation paresseuse consistait à n'y voir qu'un élément nouveau de l'aménagement du territoire, notion juridique proprement humaine, avec ses zones commerciales, industrielles et agricoles, augmentées de zones vertes pour les sorties hebdomadaires. Or il s'agissait ici de superposer au plan humain, un plan dessiné en fonction des besoins des animaux et des végétaux. On n'ajoutait pas une nouvelle fonction au territoire, mais son partage entre humains et non humains, ce qui est tout différent : le juge pouvait interdire d'ouvrir une carrière,

---

[24] Directive du Conseil du 2 avril 1979 concernant la conservation des oiseaux sauvages, JOCE n°L 103/1, du 25 avril 1979 ; elle a été rénovée par la directive 2009/1747 du 30 novembre 2009, JOUE L20/7 du 26 janvier 2010.

[25] Directive 92/43/CEE du Conseil du 21 mai 1992 concernant la conservation des habitats naturels ainsi que de la faune et de la flore sauvages.

cause de bruits et de poussières susceptibles de déranger un couple d'aigles de Bonelli qui a choisi de nicher à proximité du projet ; dans l'État indien du Karnakata, des chercheurs ont dressé des cartes de la répartition des éléphants sur le territoire afin de mieux gérer les conflits avec les villageois en évitant les débordements des éléphants dans le partage des ressources (Hermitte, 2011 ; Madhusudan *et al.*, 2015).

Parallèlement, les grandes lignes de la responsabilité pour préjudice écologique pur sont tracées, ce qui était, juridiquement, une révolution difficile à penser. Le droit de la responsabilité repose, en effet, sur la nécessité d'un sujet de droit humain pour se plaindre d'un dommage causé à des intérêts humains, obstacle dirimant pour réparer la mort d'oiseaux mazoutés qui n'appartiennent à personne. Il y avait, certes, le préjudice moral des associations de protection de la nature, mais cela se limitait à des montants dérisoires qui n'étaient pas liés mécaniquement au préjudice subi par chaque oiseau, chaque espèce ou plus largement par la biomasse, mais une traduction humaine de ce préjudice. Il s'agit désormais d'un préjudice dit objectif, en fait subi directement par les éléments de la nature, pris en tant que tels. Même si le juge a préféré ruser en parlant de préjudice objectif (et non subjectif comme le prévoir normalement le droit de la responsabilité), donc de préjudice à personne, cela donne néanmoins aux éléments de la nature un mode d'existence juridique distinct de l'affection ou de l'intérêt que les hommes leur portent. Les décisions de justice sont encore rares et relativement peu satisfaisantes. Certes, les textes sont imparfaits, mais ils sont perfectibles[26].

---

[26] Neyret L., 2013. *Pour la réparation du préjudice écologique*, http://www.justice.gouv.fr/art_pix/1_rapport_prejudice_ecologique_20130914.pdf. La loi française du 1er août 2008 sur la responsabilité environnementale est restée inappliquée. Elle a été remise en chantier par l'article 2 bis du projet de loi sur la reconquête de la biodiversité, de la nature et des paysages.

L'invention d'un nouvel animisme

Tous ces éléments épars forment-ils simplement le droit de l'environnement humain ou sont-ils la marque de quelque chose de plus profond ? Le droit n'est-il pas en train d'adapter ses catégories et ses principes aux nouvelles conceptions des rapports entre humains et non humains ? C'est l'hypothèse que, par petites touches successives, j'ai façonnée : nous serions passés d'une longue période portée par les monothéismes qui plaçaient l'humanité dans une position isolée au sein de la création, mise sous sa responsabilité pour qu'elle puisse en jouir, à l'invention d'une nouvelle forme d'animisme, au sens où tous les vivants sont liés entre eux, mais un animisme fondé sur la science (Hermitte, Chateauraynaud, 2013).

Il y a, pour illustrer le rapprochement entre les hommes et les autres vivants, tout ce partage territorial que je viens de décrire, l'évolution du régime juridique des animaux, la passion scientifique pour le biomimétisme. Cette évolution récente est nourrie, de manière inattendue, de l'inspiration que les mouvements sociaux et, derrière eux, les législateurs, vont chercher auprès des peuples autochtones, que ce soit en matière de diversité biologique, de pharmacie, de changement climatique ou de frugalité économique. Le rapport que ces peuples entretiennent avec les éléments de la nature est magnifié, et d'ailleurs réinventé, pour y trouver des exemples à suivre, ou des explications. L'évolution du droit est visible en premier lieu dans certains des États où ils vivent : ainsi, la constitution de l'Équateur donne à la nature et à ses éléments la qualité de sujets de droit pouvant ester en justice pour défendre ou retrouver leur qualité de vie ; premier texte de ce genre, elle a marqué les esprits. Récemment, c'est la Nouvelle-Zélande, où les Maoris, reconnus comme peuple fondateur exercent une influence importante sur l'élaboration du droit, qui travaille à attribuer à une rivière cette qualité pour en changer la gouvernance, et par voie de conséquence les usages (Hutchison, 2014). Les peuples autochtones sont d'ailleurs finalement les seuls à avoir fait reculer (un peu) les prétentions de l'industrie en matière de brevets. Ils ont réussi, en effet, à convaincre des examinateurs et des juges du défaut de nouveauté de certaines demandes de brevets portant sur des plantes et des usages de plantes connus depuis toujours pour leurs propriétés insecticides, médicinales ou coupe-faim. Ils n'ont pas à ce jour, en revanche, obtenu la création d'un droit intellectuel qui leur soit spécifique ; l'annulation du brevet reste technique (Hermitte, 2000).

Il peut paraître étrange d'évoquer côte à côte Darwin, les peuples autochtones ou les éthologues qui, tous, transforment notre regard. Pour autant, les influences qui poussent au changement relèvent effectivement de curieuses rencontres sur le plan idéologique. Si l'on se réfère aux travaux de Philippe Descola, il s'agit bien d'une manière de « penser le monde » à partir de la reconnaissance d'une « identité commune des intériorités des existants, humains et non humains », malgré les différences induites par ce que l'anthropologue appelle les « physicalités ». Il s'agit aussi d'une expérience vécue — le sentiment de proximité avec les autres vivants, le plaisir de leur existence —, mais également, ce qui est spécifique, d'un savoir de nature scientifique. D'un tout autre point de vue, les généticiens ne se lassent pas de nous répéter que 99 % de notre génome est commun avec le singe, 80 % avec la souris. Si donc, nous n'habitons pas le monde de la même manière que le singe ou la souris, nous nous reconnaissons des traits communs : nous comprenons de mieux en mieux que les animaux qui atteignent le stade du miroir sont nombreux, nous savons que les végétaux souffrent et communiquent entre eux, que le rat est capable d'empathie, qu'il manipule ceux qui expérimentent sur lui (Despret, 2009, 2014 ; Burgat, 2015). Si l'on en croit enfin la série d'articles publiée dans *le Monde* en juillet 2015 et intitulée « Vices et vertus des animaux », nombre d'espèces mentent, sont débauchées, ont, paraît-il de l'humour. Les éthologues nous ouvrent de nouveau au dialogue interspécifique que pratiquent quotidiennement les autochtones, et qui est de longue tradition dans les contes et les fables.

La sortie du religieux de certaines cultures favorise certainement ce mouvement car la distinction entre nature et culture devient moins nécessaire, la condamnation du paganisme s'éloigne, la matérialité commune de tous les êtres vivants ne fait plus peur, l'âme est écartée au profit de l'animé. Mais si le monde est animé par des êtres et des choses vivantes, le droit, avec ses catégories de « personne » que l'on croit, à tort, exclusivement humaine, et de « biens », meubles et immeubles, qui mélangent dans une même catégorie les choses vivantes et les choses inertes, rend mal compte de la nouvelle situation. Il cherche donc à articuler ses catégories traditionnelles avec ce courant qui veut ré-enchanter le monde non pas grâce à des dieux ou une pensée magique, mais par ce que j'ai appelé le « plaisir du cousinage » (Hermitte, 2011) en référence aux nouvelles perceptions et émotions auxquelles nous convie la théorie de l'évolution, affinée chaque jour par les recherches sur les animaux telles que les mènent des chercheurs aux sources et aux sensibilités aussi différentes que Florence Burgat et Vinciane Despret.

Pierre Le Coz nous a prévenus : s'il ne faut pas nous retrancher du monde des émotions, il faut pourtant les gouverner. Il faut savoir écouter des émotions contraires, celle du militant de Greenpeace comme celle du scientifique heureux de l'OGM qu'il a concocté. Mais il faut aussi les soumettre au filtre de la raison, de la mesure, de l'équité, de la distance critique. Il ne s'agit pas tant ici, du gouvernement individuel des émotions que d'un gouvernement collectif. Dans le cas du brevet, les choix ont une résonnance mondiale, et de nombreux Africains n'ont pas apprécié que leurs gouvernements les obligent à entrer dans la brevetabilité du vivant, condition pour entrer adhérer à l'Organisation mondiale du commerce (Hermitte, 2004).

Comment le politique aurait-il dû aborder la question ? De fait, il ne l'aborda pas ; il n'y eut pas de gouvernants pour dialoguer avec des gouvernés. Il n'y eut pas de gouvernement au sens noble du terme, visible, majestueux, mais des décisions discrètes d'une oligarchie qui, s'appuyant sur des visions de l'économie, au demeurant sommaires, écartèrent toute délibération politique. Le processus politique ne fut pourtant pas absent ; mais, tardif, il fut tenu en laisse par des décisions déjà prises et une compréhension très faible des enjeux agricoles.

La réintroduction du vivant dans le droit des brevets : où sont les gouvernants ?

Alors que les inventions impliquant le vivant avaient été longtemps partagées entre choses communes à tous, savoir-faire plus ou moins partagés, et un droit d'obtention végétale qui laissait aux acteurs des marges de liberté, l'industrie des biotechnologies entama dès les années 1970 un intense lobbying pour que le vivant cesse d'être exclu, de fait ou de droit, du droit des brevets. Ce n'était guère étonnant, si l'on songe que l'impulsion fut donnée après la guerre par l'industrie chimique, qui n'avait acquis le droit de breveter ses inventions qu'à l'issue d'une longue lutte. À partir des années 1980, elle accentua la synergie entre chimie et biologie, répondant à divers objectifs, dont la réduction de la main d'œuvre, ce qui aboutit à une première génération de semences tolérantes aux herbicides totaux, presque aussitôt suivie d'une deuxième génération de semences tolérantes à certains ravageurs. On attend toujours une troisième génération de plantes qui seraient adaptées à la sécheresse, la salinité ou l'humidité, les innovations annoncées récemment étant plutôt tournées vers le consommateur accessible au marketing — plantes anti-cancer ou melons doux-amers. S'emparant des semences, jusque-là aux mains des obtenteurs après avoir été aux mains des paysans, l'industrie chimique arriva avec sa culture juridique. Il n'était pas question pour elle d'accepter le droit d'obtention végétale dont elle jugeait le pouvoir de marché trop faible, vis-à-vis des concurrents comme vis-à-vis des agriculteurs appelés à repayer chaque année leurs semences. Il fallait donc réintroduire officiellement le vivant dans le droit des brevets. Après cette première étape générale, l'industrie poussa son avantage dans le but de capter l'ensemble du marché des semences, transgéniques ou non.

Réintroduire le vivant dans le droit des brevets, une victoire incontestable

Alors que le droit révolutionnaire ignorait toute forme d'exclusion de brevetabilité, il dut reconnaître très vite que tout ne se prêtait pas au droit des brevets, pour des raisons techniques ou sociétales variables selon les États. Cela allait de très larges consensus sur la non brevetabilité des lois scientifiques et, pendant longtemps sur les produits pharmaceutiques (Cassier, 2004), jusqu'à l'exclusion des brevets portant sur les aliments et les boissons, plus rare mais caractéristique des lois allemande, autrichienne, italienne et suédoise au XIXe siècle. Le vivant ne faisait pas l'objet d'une exclusion expresse mais s'enchâssait dans l'exclusion des produits de la nature et relevait, selon les auteurs, d'une attitude ou d'une conscience commune des juristes. Edgar Faure l'exprima maladroitement en présentant le projet de loi sur l'élevage en 1966[27] : « Il ne doit pas y avoir de mercantilisme dans la génétique. Il n'est pas impossible que les gens qui exploitent un centre d'insémination artificielle, non seulement couvrent leurs frais, mais encore gagnent de l'argent, mais cette activité ne doit pas être principalement

---

[27] JORF, Ass.Nat. 1e séance du 23 novembre 1966, p.4789.

mercantile car elle concerne la race elle-même ». La question de la reproduction, qui réunit tous les vivants, engendre donc chez l'homme politique avisé une émotion qui se traduit par un recul.

Mais le mouvement inverse gagna du terrain au XXe siècle : les produits chimiques, les aliments, les produits pharmaceutiques tombèrent progressivement dans l'escarcelle du brevet, et nombre d'auteurs en déduisirent un principe d'érosion généralisée du phénomène de l'exclusion, y voyant un archaïsme qu'il ne fallait pas ranimer à propos des biotechnologies. Ils l'emportèrent puisque l'Office européen des brevets, l'Union européenne et l'Organisation mondiale du commerce, articulant leurs efforts, confirmèrent le principe de la brevetabilité de toutes les branches de la technique ; les résistances à l'œuvre produisirent, au moins en Europe, de nouvelles exclusions, toutefois caractérisées par une très faible efficacité.

L'extension de la brevetabilité

Au départ caché au politique comme au grand public — car les acteurs efficaces sont des juridictions, des offices de brevets, la Commission européenne, des lobbies —, le processus d'extension deviendra de plus en plus public, mobilisant des acteurs de la société civile. Mais lorsque le politique, au sens large, chercha à réagir, il était trop tard pour avoir une réflexion d'ensemble, et la réaction fut cantonnée à des marges.

Prodromes

On s'en souvient, c'est par le développement des antibiotiques que le brevet s'était introduit dans le monde vivant. Au départ, il ne s'agissait que de breveter des procédés, les micro-organismes utilisés restant libres pour tous : « L'industrie utilise la force naturelle des micro-organismes sans monopolisation légale de cette force naturelle. Les inventeurs peuvent uniquement s'approprier un procédé original de culture ou d'utilisation du micro-organisme, sans revendiquer le micro-organisme en tant que tel » (Cassier, 2003c). Le tournant consistant à breveter le microorganisme lui-même, en tant que produit, se produisit le 27 novembre 1963 avec l'adoption de la convention de Strasbourg sur l'unification de certains éléments du droit des brevets d'invention[28]. Alors que les travaux préparatoires de la convention de Strasbourg montrent que la brevetabilité des procédés microbiologiques était alors considérée comme une exception (donc d'interprétation restrictive), au sein de la non-brevetabilité des produits de nature biologique, il fut décidé de breveter les procédés microbiologiques et les produits obtenus par ces procédés. Cela fut mis en œuvre techniquement par le traité de Budapest. Son guide du déposant organisa le dépôt du microorganisme comme substitut de la description, étendit son empire aux cellules et tissus, aux plasmides, aux gènes identifiés inclus dans la cellule ou le microorganisme, aux microorganismes génétiquement manipulés, et aux microorganismes simplement isolés de leur milieu naturel. En compensation en quelque sorte, il fut permis aux États d'exclure les variétés végétales protégées par le droit d'obtention végétale et les races animales, ainsi que les procédés essentiellement biologiques d'obtention de végétaux ou d'animaux, sans que soient définis ces procédés essentiellement biologiques. Nulle trace d'une interrogation politique.

[28] L'exposé des motifs de la Convention est dans la droite ligne des Lumières : « Considérant que le but du Conseil de l'Europe est de réaliser une union plus étroite entre ses membres, afin notamment de favoriser leur progrès économique et social par la conclusion d'accords et par l'adoption d'une action commune dans les domaines économique, social, culturel, scientifique, juridique et administratif ; considérant que l'unification de certains éléments du droit des brevets d'invention serait de nature à aider l'industrie et les inventeurs, encouragerait le progrès technique et faciliterait la création d'un brevet international ».

Or on vit encore aujourd'hui sur ces deux décisions, puisque la Convention de Munich sur la délivrance du brevet européen reprit en 1973 le même dispositif.

Son article 52 alinéa 1 consacre le principe de l'universalité du droit des brevets : « Les brevets européens sont délivrés pour toute invention dans tous les domaines technologiques, à condition qu'elle soit nouvelle, qu'elle implique une activité inventive et qu'elle soit susceptible d'application industrielle ». Ce principe sera étendu à l'ensemble du monde par l'article 27-1 de l'accord sur les ADPIC : « Un brevet pourra être obtenu pour toute invention, de produit ou de procédé, dans tous les domaines technologiques, à condition qu'elle soit nouvelle, qu'elle implique une activité inventive et qu'elle soit susceptible d'application industrielle ».

L'alinéa 2 du même article synthétise ensuite les exceptions les plus fréquemment reconnues dans les États membres, en s'attachant aux opérations intellectuelles qui « ne sont pas considérées comme des inventions » : découvertes, théories scientifiques, méthodes mathématiques, créations esthétiques, plans, principes et méthodes dans l'exercice d'activités intellectuelles, en matière de jeu ou dans le domaine des activités économiques, ainsi que les programmes d'ordinateur, les présentations d'informations. Il y a bien créativité humaine, mais elle ne s'exerce pas dans le domaine des inventions, c'est-à-dire de la technique et de l'industrie.

Les fondements de l'article 53 sont moins clairs. L'article est séparé en deux alinéas précisant les cas dans lesquels des brevets ne sont pas délivrés. Autrement dit, il s'agit bien d'inventions, contrairement aux cas visés à l'article 52, mais elles sont exclues de la brevetabilité.

Dans le premier cas (article 53a), elles sont interdites car leur exploitation commerciale serait contraire à l'ordre public ou aux bonnes mœurs. C'est une exception liée à un principe général du droit, qui sera d'ailleurs reprise comme une possibilité par l'accord sur les ADPIC (alinéa 2 de l'article 27) : « Les Membres pourront exclure de la brevetabilité les inventions dont il est nécessaire d'empêcher l'exploitation commerciale sur leur territoire pour protéger l'ordre public ou la moralité, y compris pour protéger la santé et la vie des personnes et des animaux ou préserver les végétaux, ou pour éviter de graves atteintes à l'environnement, à condition que cette exclusion ne tienne pas uniquement au fait que l'exploitation est interdite par leur législation ».

Dans le second cas (article 53b), l'exclusion relève de choix politico-économiques : « Les brevets européens ne sont pas délivrés pour les variétés végétales ou les races animales ainsi que les procédés essentiellement biologiques d'obtention de végétaux ou d'animaux, cette disposition ne s'appliquant pas aux procédés microbiologiques et aux produits obtenus par ces procédés », disposition également reprise par l'article 27.3b de l'accord sur les ADPIC.

Ce dispositif va rencontrer l'évolution du droit américain.

L'organisation européenne des brevets

En 1973, 20 États réunis à Munich signent une convention interétatique ayant pour objet d'introduire une procédure uniforme de délivrance de brevets (CBE) permettant d'obtenir un titre valable pour les États membres (38 États à ce jour). La CBE a créé un office chargé d'examiner les demandes de brevets. La particularité de cette convention est d'avoir établi des mécanismes juridictionnels qui, par une jurisprudence abondante, précisent le texte originaire.

Les États membres de la convention sur le brevet européen ont créé en 1977 l'Organisation européenne des brevets, organisation intergouvernementale qui jouit de la personnalité juridique. L'Office européen des brevets (OEB) en est l'organe exécutif. Il est placé sous le contrôle du conseil d'administration composé de représentants des États membres. Il est compétent pour prendre en charge les questions politiques de l'organisation et supervise l'activité de l'OEB.

L'office est administré par un président et un comité de direction de neuf personnes (dont une seule femme). Il est assisté par le Comité consultatif permanent (SACEPO) créé en 1978 pour permettre aux « milieux intéressés » (c'est-à-dire aux représentants de l'industrie et certains experts de la propriété industrielle) de s'exprimer sur l'évolution du système du brevet européen.

La Convention sur le brevet européen que les États parties ont signée en 1973 a été révisée en 2000. Le texte de cette convention est précisé par des directives d'examen introduisant progressivement les acquis de la jurisprudence et un règlement d'exécution.

Cheminement d'une demande de brevet : une fois la demande de brevet déposée, l'OEB établit un rapport de recherche, transmis au demandeur, accompagné d'un avis et publié, qui sert de base à l'examen par la « division d'examen » habilitée à délivrer le brevet. *Division d'opposition.* Le public peut faire opposition au brevet délivré en invoquant différents motifs d'invalidation, qui peuvent aboutir soit à une limitation soit à une révocation du brevet. Le dossier passe alors entre les mains d'une division d'opposition.Celle-ci ne peut évaluer le brevet que sur des motifs précis :

- défaut de nouveauté ;
- défaut d'activité inventive ;
- défaut d'application industrielle ;
- description insuffisante ;
- la demande n'est pas considérée comme une invention au sens de l'article 53 de la CBE ;
- la demande ne porte pas sur une invention brevetable au sens de l'article 53.

Chambres de recours. En cas de conflit, l'affaire peut être jugée par une chambre de recours, les chambres de recours appliquant de manière indépendante la Convention sur le brevet européen.

Il existe 28 chambres de recours techniques, une chambre de recours juridique, la Grande Chambre de recours et la chambre de recours statuant en matière disciplinaire (2 500 nouvelles affaires par an).

Les chambres de recours techniques et la chambre de recours juridique examinent les recours formés contre les décisions de la section de dépôt, des divisions d'examen, des divisions d'opposition et de la division juridique de l'office.

La Grande Chambre de recours, saisie par une chambre de recours ou par le président de l'office, a vocation à assurer une application uniforme du droit ou à trancher une question de droit d'importance fondamentale.

La Cour suprême des États-Unis, législateur mondial

La décennie 1970 avait donné à divers tribunaux l'occasion d'affirmer la brevetabilité de cellules, tissus, organismes. De l'affaire *In Re Bergy* aux États-Unis au pigeon rouge de la Cour fédérale de justice en Allemagne, des décisions sporadiques poussaient à reconnaître la brevetabilité de ces objets, particulièrement les gènes, via les micro-organismes dans lesquels ils étaient clonés[29]. Ni les politiques, ni le public ne le réalisaient. Tout cela était peu propice à la sécurité juridique, c'est-à-dire à l'existence d'un système normatif dont la stabilité et la prévisibilité permettent aux acteurs d'anticiper les conséquences de leurs choix. Il fallait vider l'abcès.

Ce fut la Cour suprême des États-Unis qui, à l'occasion de l'affaire dite Chakrabarty, décida pour le monde entier. L'Office américain des brevets avait pourtant rejeté la revendication portant sur une bactérie génétiquement modifiée utilisable pour dégrader le pétrole, qu'il qualifia de produit de la nature, traditionnellement non brevetable et ce, malgré l'ingénierie génétique qui l'avait transformée. Mais il avança un argument nouveau, le fait que la bactérie manipulée était un organisme vivant. Sa décision fut contestée par le titulaire du brevet et aboutit en 1980 devant la Cour suprême des États-Unis qui décida par cinq voix contre quatre que le caractère vivant était indifférent à la brevetabilité d'une invention[30].

Pour justifier son analyse, la Cour fit valoir que le micro-organisme manipulé par A. Chakrabarty était *human made* et qu'il était seul capable d'assurer cette fonction de dégradation

---

[29] À la fin de la décennie, trois gènes humains particulièrement importants auront été brevetés aux États-Unis et en Europe, le gène de l'insuline, celui de l'hormone de croissance, celui du virus de l'hépatite B.

[30] http://caselaw.findlaw.com/us-supreme-court/447/303.html

du pétrole au contraire des bactéries naturelles. Remarquons qu'il s'agit là d'une erreur scientifique : en milieu naturel un certain nombre de bactéries sont capables de dégrader différentes qualités de pétrole et se développent rapidement dès que cette nourriture est disponible. À l'inverse, les bactéries génétiquement manipulées, efficaces en aquarium, se sont révélées jusqu'à maintenant inadaptées aux conditions des milieux naturels[31]. Si les lois de la nature et les idées abstraites ne sont pas brevetables, pas plus que les micro-organismes qui ne font qu'exercer leur fonction naturelle, le breveté « a produit une nouvelle bactérie » qui n'est pas l'œuvre de la nature mais la sienne propre, en conséquence brevetable. La distinction ne passe pas entre les choses vivantes et les choses inanimées, mais entre les produits de la nature, qu'ils soient vivants ou non, et les inventions *human-made*.

Cette argumentation est dans la droite ligne du vieux courant de pensée qui magnifie le travail de l'homme par comparaison à celui de la nature inintelligente : A. Chakrabarty, en manipulant son micro-organisme est dans le faire, selon les catégories de C. et R. Larrère (2015), ce qui justifie le brevet, mais ce faisant il réussit à faire faire à cette bactérie ce qu'elle ne savait pas faire à l'état naturel. Le brevet couvre le faire-faire au nom du faire, ce qui implique de ne pas s'arrêter à une distinction vivant/inerte qui, selon la Cour suprême, n'a pas de sens en droit des brevets.

Importante en son fond, cette décision est également remarquable par sa façon de poser la question de la légitimité des juges pour trancher dans un domaine aussi sensible.

Les juges majoritaires commencent leur raisonnement en justifiant leur propre compétence malgré l'absence de loi établissant la brevetabilité des organismes vivants. L'argument

---

[31] cf. le site du gouvernement canadien http://www.dfo-mpo.gc.ca/science/publications/microbes/index-fra.html

central repose sur la philosophie de la loi américaine sur le droit des brevets, particulièrement son article 101 définissant l'objet susceptible de protection par brevet comme un procédé, une machine, un article manufacturé ou une composition de matières, nouveau et utile, des *expansive terms* qui ne connaissent que trois exceptions jurisprudentielles, les lois de la nature, les phénomènes naturels et les idées abstraites. L'étendue de cette définition suffit, selon les juges Burger, Stewart, Blackmun, Rehnquist et Stevens, pour comprendre la finalité qui avait été celle du principal rédacteur de la Constitution, Thomas Jefferson, lorsqu'il entendait promouvoir « le progrès de la science et des arts utiles avec ce que cela signifie de bénéfices économiques et sociaux ». Les juges en déduisent que l'usage de termes si larges s'explique par le parti pris constitutionnel de promouvoir le progrès en facilitant au maximum la brevetabilité lorsque des inventions d'un nouveau type apparaissent.

Il s'agit donc d'un acte de foi dans le progrès technique et d'une confiance absolue dans la valeur du brevet pour le promouvoir. Certes, reconnaissent les cinq juges, la procédure législative est la mieux conçue pour peser l'ensemble des intérêts en jeu : compétition économique, considérations sociales et scientifiques. Et c'est incontestablement au Congrès, pas aux tribunaux, de fixer les limites de la brevetabilité. De même si, comme le soutiennent certains scientifiques, le génie génétique devait faire peser de sérieuses menaces sur l'humanité, alors ce serait effectivement au législateur d'apprécier la situation. Mais en l'état, les tribunaux doivent interpréter les termes de la loi à la lumière de ses finalités et de l'histoire législative, et ceux qui craignent que la loi actuelle, telle qu'interprétée, soit inadaptée, n'ont qu'à s'adresser au législateur pour qu'il la modifie : ce n'est pas à la Cour suprême de prononcer une telle exclusion de brevetabilité.

Dans leur opinion minoritaire, les juges Brennan, White, Marshall et Powell inversent le raisonnement et répondent par la négative à la question de savoir si le Congrès a eu l'intention de couvrir un organisme vivant à travers la loi, telle qu'elle existe. À l'inverse de l'acte de foi des juges majoritaires, ils rappellent que le droit des brevets doit parvenir à concilier l'antipathie à l'égard des monopoles avec le besoin d'encourager le progrès — conseil de prudence politique qu'il aurait fallu entendre. Au regard de la nature législative de cette tâche, les tribunaux doivent être attentifs à ne pas étendre la protection par le brevet au-delà de ce que le Congrès a prévu, particulièrement dans les domaines où « the common understanding has been that patents are not available ». Or ce sens commun exclut les organismes vivants du champ de ce qui peut être brevetable. La conclusion de cette argumentation est que l'élargissement ou la restriction du champ de la brevetabilité, objet d'une vive préoccupation du public, est de la compétence et de la responsabilité du Congrès, pas de la Cour suprême.

La position des juges minoritaires sonne comme une leçon de bon gouvernement : on ne décide pas de la même manière dans tous les domaines ; lorsque le public montre sa préoccupation, que les questions posées vont à l'encontre du sens commun, alors les conséquences des décisions doivent être pesées avec un soin particulier, selon des procédures propres au législateur.

L'Office américain des brevets et les tribunaux américains tireront rapidement les conséquences de la décision de la Cour suprême. Furent successivement entérinées la brevetabilité d'un maïs génétiquement modifié (1985), celle d'une huître polyploïde (1987), puis celle d'une souris génétiquement manipulée pour créer une lignée de souris atteintes de cancers de mamelles, Oncomouse ou Mycmouse (1988). Ce ne fut pas sans émouvoir la société civile américaine, dès l'annonce du brevet accordé sur l'huître. Les réactions furent si vives, qu'elles entraînèrent un moratoire, un débat et des propositions de lois restrictives, qui ne furent pas adoptées. Un an plus tard, le premier mammifère transgénique non humain, Mycmouse, fut breveté aux États-Unis. Les pays industrialisés basculeront les uns après les autres, par des processus aussi peu soucieux de l'opinion publique.

Seule la Cour suprême du Canada renverra la question au législateur, lorsque l'université de Harvard voulut faire reconnaître le brevet Mycmouse, valable pour tous les mammifères non humains, sur le territoire canadien[32]. Refusée par l'office canadien des brevets, la demande de l'université fut accueillie par la Cour d'appel fédérale, contestée devant la Cour suprême qui décida, ici encore par cinq voix contre quatre, que c'était du ressort du législateur que de faire le choix de la brevetabilité des formes de vie supérieures. Une position exactement inverse de celle qui avait été adoptée aux États-Unis.

La Cour était pourtant dans une situation difficile car des brevets sur des micro-organismes et des végétaux étaient octroyés depuis longtemps lorsqu'elle fut saisie du cas de la souris. En examinant les mots de la loi, elle conclut : « Tout comme les mots machine et fabrication ne désignent pas une créature vivante, l'expression composition de matières ne vise pas les formes de vie supérieures ». « Le corps d'une souris ne comporte pas des ingrédients ou des substances qui ont été combinés ou mélangés ensemble par une personne. De plus, le mot matière n'englobe qu'un seul aspect d'une forme de vie supérieure, qui est généralement considérée comme possédant des attributs et des caractéristiques qui transcendent le matériel génétique qui la compose ».

---

[32] https://scc-csc.lexum.com/scc-csc/scc-csc/fr/item/2019/index.do

La Cour crée ainsi une disjonction de nature jurisprudentielle entre formes de vie inférieures, dont la brevetabilité est acceptée au Canada, et formes de vie supérieures, distinction qu'elle justifie par le bon sens : « Il est plus facile de percevoir une forme de vie inférieure comme une composition de matières ou une fabrication assimilable à un composé chimique que de percevoir ainsi une forme de vie supérieure comme un objet inanimé ». Cela sauve l'animal, mais renvoie le végétal à des ingrédients.

Elle est ainsi conduite à constater que la « brevetabilité de ces formes de vie est une question fort controversée qui soulève un certain nombre de points extrêmement complexes, une mesure législative claire et nette est requise pour que les formes de vie supérieures soient brevetables. (...) La délivrance de brevets pour des formes de vie supérieures soulève des questions exceptionnelles qui ne se posent pas à l'égard d'inventions non vivantes (...) Alors que certaines questions de politique générale, comme les conséquences de la biotechnologie sur la qualité de l'environnement et le bien-être des animaux, trouveraient meilleure réponse en dehors du système des brevets, d'autres questions sont plus directement liées à la brevetabilité et à l'économie de la loi. Ces questions illustrent le fait que, sous sa forme actuelle, la *Loi sur les brevets* ne permet pas de tenir compte des caractéristiques exceptionnelles des formes de vie supérieures. (...) Notre Cour n'a pas la compétence institutionnelle nécessaire pour examiner des questions aussi compliquées, qui obligeront vraisemblablement le législateur à engager un débat public, à soupeser des intérêts sociétaux opposés et à rédiger des dispositions législatives complexes ». Quant aux juges minoritaires, ils reprennent l'argument de l'exceptionnalité de la réalisation scientifique qui aboutit à quelque chose qui n'existe pas sous cette forme dans la nature, et plus encore insistent sur la compétition internationale dans un monde où tous les grands pays ont admis la brevetabilité de cette souris.

L'Europe se saisit du mouvement américain pour gagner de nouvelles positions

L'Office européen des brevets (OEB) jouissait d'une position inexpugnable donnée par la Convention de Budapest sur le dépôt des micro-organismes, donc des gènes, des tissus et des cellules, et par l'article 53b de la CBE sur la brevetabilité des procédés microbiologiques et des produits obtenus par ces procédés ; sur cette base, il avait développé une pratique qui anticipait discrètement sur la reconnaissance officielle, opérée par la Cour suprême des États-Unis dans l'arrêt Chakrabarty. Devant la montée des critiques et les décisions contradictoires dans les États membres, le président de l'Office rendit public un communiqué le 11 décembre 1981, dans lequel il précisait que, selon les directives d'examen relatives aux procédés microbiologiques, « le produit obtenu par un procédé microbiologique peut être lui-même breveté (revendication de produit) (...) le terme micro-organisme dans ce sens comprend, par exemple, des plasmides et des virus[33] ». Le communiqué rappelait en outre que le dépôt du micro-organisme, *in concreto*, garantit qu'il est reproductible, condition de brevetabilité.

L'étape suivante fut franchie en 1983 lorsque l'Office consacra la brevetabilité des végétaux dans une affaire un peu marginale, mais essentielle[34]. Il s'agissait d'un procédé de traitement chimique appliqué à des semences, procédé brevetable sans difficulté, couvrant automatiquement les semences résultant de la mise en œuvre du procédé. Il était donc difficile de voir l'intérêt que le demandeur avait à

[33] JOOEB 1/1982 p.19.

[34] Ciba Geigy, Chambre de recours technique 3.3.1 du 26 juillet 1983, T 49/83, JOEB 3/1984, p.112.

obtenir un brevet de produit sur les végétaux ainsi traités, sauf s'il souhaitait faire jurisprudence. C'est pourtant ce qu'il demanda, qui lui fut refusé par la division d'examen, mais accordé par la Chambre de recours technique. Celle-ci établit que l'article 53b n'excluait que les variétés végétales en tant que variétés, objets abstraits, alors que les semences traitées par Ciba étaient des objets concrets qui, tout matériel de reproduction qu'ils soient, ne sont pas considérés au titre de leurs particularités génétiques, ni produites par des procédés essentiellement biologiques aboutissant à une obtention, mais par un procédé chimique « essentiellement technique ». La Chambre put ainsi préciser que les végétaux en général n'étaient pas exclus de la brevetabilité, au contraire des variétés végétales prises en la forme « variété distincte, homogène et stable » (DHS), telle que définie par la Convention UPOV pour pouvoir bénéficier d'un certificat d'obtention végétale. En statuant ainsi, elle refusait deux interprétations extensives possibles de l'exclusion de brevetabilité des variétés végétales : celle qui aurait conduit à penser que toute invention couvrant des végétaux est exclue du brevet parce qu'elle comprend des variétés ; celle qui aurait conduit à penser que tout végétal est exclu de la brevetabilité au titre d'organisme vivant, même si les procédés microbiologiques ou industriels ayant aidé à les obtenir ont été brevetés, ce qui donne au titulaire de ce brevet une action en contrefaçon contre un concurrent qui aurait utilisé le même procédé, mais pas contre celui qui utilise les végétaux ainsi obtenus dans de nouvelles inventions.

Les mêmes raisonnements sont applicables aux animaux.

Cette interprétation permettant de breveter tous les végétaux, sauf sous la forme fixée de la variété définie par la Convention UPOV, fut confirmée en 1999 par la décision de la Grande chambre de recours qui, dans l'affaire Novartis II, casse la résistance d'une chambre de recours technique qui avait mis en doute la possibilité de couvrir par un brevet des ensembles de plantes comprenant des variétés végétales[35] et qui, surtout, renvoyait au législateur, en l'occurrence une réunion de la conférence des parties, seule compétente pour préciser ou modifier la Convention sur un point aussi essentiel.

L'affaire fut importante, comme en témoignent la diversité des interventions et la qualité des opposants à la procédure. En faveur de l'extension maximale du brevet, le président de l'OEB et les associations professionnelles de défense de la propriété industrielle ; de l'autre côté, l'Office communautaire des variétés végétales, Greenpeace et plus de 600 lettres produites par des particuliers et des groupes engagés dans la protection de l'environnement ou des animaux, qui plaident pour des restrictions plus ou moins larges à la brevetabilité.

Sans surprise, la Grande chambre retint l'interprétation la plus favorable au brevet : « Une revendication dans laquelle il n'est pas revendiqué individuellement de variétés végétales spécifiques n'est pas exclue de la brevetabilité (...) même si elle peut couvrir des variétés végétales ». Toutefois, elle admet que la non brevetabilité des variétés végétales est absolue, quel que soit leur mode d'obtention, et même si elles contiennent un gène breveté. Dans un tel cas, la variété sera protégée par un COV, seul visible, mais elle contiendra un gène breveté que l'obtenteur doit rémunérer. L'enjeu était devenu faible puisque la directive 98/44 sur la brevetabilité des inventions biotechnologiques avait été adoptée.

---

[35] Décision de la Grande Chambre de recours, 20 décembre 1999, G 1/98, JOEB n°3/2000, p.111.

L'énoncé des exclusions de brevetabilité spécifiques à la matière vivante et la réduction de leur portée

À l'issue de ces décisions, l'OEB avait donc gagné d'importants fortins. Il était devenu possible de breveter des plantes et des ensembles de plantes, y compris une nouvelle espèce végétale qui doit être longuement retravaillée pour faire surgir des variétés adaptées à telle ou telle situation. Prenons le cas, au XXe siècle, de l'invention du triticale, céréale hybride de blé et de seigle, en lente mais constante augmentation. La nouvelle espèce, création technique s'il en fut, sera travaillée librement et gratuitement pour l'adapter à des conditions pédoclimatiques difficiles dans des régions peu propices au blé[36]. Si le triticale avait été breveté, il eut fallu payer des redevances aux premiers inventeurs, d'ailleurs dépendants les uns des autres. Au contraire, le coût de l'innovation de cette plante de terrain pauvre a été réparti entre de multiples acteurs et fut minimal pour la communauté.

Non contents d'avoir fait sauter d'importants verrous dans le domaine du végétal, les partisans de l'extension maximale des brevets voulaient encore remporter les batailles de l'animal et de l'humain. Sur ces deux points, l'Europe chercha des solutions réputées aussi efficaces que celles du modèle américain, tout en introduisant des considérations éthiques. Cela passait par l'énoncé de nouvelles exclusions, spécifiques du domaine, à exposer dans la vitrine politique, tout en les limitant au point de les rendre inopérantes.

De si gênantes exclusions

L'Europe s'est longtemps distinguée des États-Unis par un effort d'insertion du droit des brevets dans l'ordre juridique général en lui faisant assumer, sous forme d'exceptions à

---

[36] Voir l'entretien d'Y. Cauderon qui fut un acteur majeur de la mise au point de l'espèce, https://www2.nancy.inra.fr/collectif/archorales/entretiens/cauderon/textes/Inra-triticale.pdf

la brevetabilité, des choix politiques globaux concernant la science, la santé, la morale, la médecine, le corps humain. Cela a toujours provoqué l'ire des institutions du droit des brevets (offices, mandataires, avocats spécialisés) et de la majorité de la doctrine spécialisée, revendiquant l'autonomie et la neutralité de cette branche du droit. Jean-Christophe Galloux (1990) introduit ainsi un principe de division du travail juridique, selon lequel il serait de mauvaise politique législative et peu conforme à la rationalité du système, que des mécanismes de droit spécifiques visent des buts étrangers à ceux pour lesquels ils ont été établis. L'auteur, qui poussera vivement cette thèse, admet que les questions d'environnement ou de santé publique étrangères au droit des brevets doivent y trouver une certaine place pour des raisons évidentes de cohérence du système légal, mais il ne dira jamais laquelle. Une partie très minoritaire de la doctrine recherchait au contraire de telles voies d'intérêt général à l'intérieur, et non à l'extérieur du système des brevets.

Il est vrai que, pour s'adapter à des situations inédites, l'ordre juridique développe de nouvelles branches du droit dotées d'institutions, de principes et de règles originaux, mais il réaffirme simultanément des principes généraux communs à tout le système de droit, assurant ainsi sa cohérence.

C'est dans le développement du droit international que le droit des brevets a trouvé la voie d'un décrochage par rapport au reste de l'ordre juridique. En tension permanente entre sa base territorialisée — on revendique un brevet pour un territoire ou un ensemble de territoires donnés — et son rêve de globalité, c'est toujours la globalisation qui l'emporte. Dans cette longue marche vers l'unification du droit des brevets, le maître du jeu européen est l'Office européen des brevets, organisation intergouvernementale qui jouit d'une large autonomie vis-à-vis de chacun des États membres dans la mesure où il comprend 38 États à ce jour, aucun d'entre eux ne pouvant imposer sa propre politique, contrairement à ce qui se passe, dans une certaine mesure, à l'Office américain des brevets, où la tutelle fédérale est visible. Cette autonomie est renforcée par la crainte de réunir une conférence des parties pour réformer la convention et l'adapter à l'évolution des techniques, avec la menace répétée que ce serait ouvrir « la boîte de Pandore ». L'essentiel des adaptations se fait donc au sein de l'Office par la voie de l'évolution du règlement d'exécution ou d'actes adoptés par le Conseil d'administration, dont les membres semblent tous convaincus de la nécessité d'élargir au maximum la compétence de l'Office. Agissant en coopération constante avec les autres grands offices du reste du monde qui partagent les mêmes intérêts, il est conseillé par un Comité consultatif permanent (Sacepo) qui représente les milieux intéressés par le système du brevet, composé exclusivement de représentants de l'industrie (Businesseurope), de mandataires agréés et d'experts reconnus dans le domaine du droit de la propriété intellectuelle, nommés à titre personnel par le président de l'OEB : c'est un monde fermé sur lui-même, porteur d'une seule catégorie d'intérêts. La mission que se donne l'Office est univoque : « En notre qualité d'Office des brevets pour l'Europe, nous soutenons l'innovation, la compétitivité, la croissance économique en Europe », et ces objectifs ne peuvent être réalisés que par l'extension du brevet. Il n'y a aucune inscription du projet dans la société en général, et il est symptomatique qu'au titre de sa « responsabilité sociale », l'Office mentionne des économies d'énergie, d'eau et de papier, ainsi que des commandes d'art contemporain, mais aucun dispositif pour tisser des liens avec la société civile. C'est cet aveuglement au monde commun qui a conduit une Chambre de recours de l'Office à évoquer, à propos d'Oncomouse, la « petite bête au poil soyeux, de peur recroquevillée » du poète Robert Burns[37]. Or le poète poursuit : « Je suis vraiment désolé, la domination humaine a brisé l'union sociale avec la Nature ».

Mais la source majeure de l'autonomie de l'OEB tient à l'organisation de l'interprétation de la Convention. En effet, la décision d'accepter ou de rejeter la demande de brevet peut faire l'objet d'un recours examiné par l'une des 28 chambres de recours techniques et, en appel, par la Grande chambre de recours. Les interprétations données s'imposant dans les États parties, le pouvoir d'interprétation des chambres est considérable. Or elles n'appliquent que le droit européen des brevets, sans référence à des principes généraux du droit commun : indépendantes de l'Office lui-même, elles sont hors-sol[38].

Pour lier leur activité à l'évolution de la société civile, elles avaient pourtant un atout considérable entre les mains, car la jurisprudence de l'Office avait opté pour une conception extensive de « l'intérêt à agir » pour intenter une action contre l'octroi d'un brevet. Cette possibilité a été très largement offerte aux partis politiques, aux individus, aux groupes professionnels et aux ONG, aucun d'entre eux ne manquant de faire entendre sa voix. Cela aurait pu lui permettre d'entendre le conseil des juges minoritaires de l'affaire Chakrabarty, lorsqu'ils avaient rappelé que le droit des brevets doit tenir compte de l'antipathie à l'égard des monopoles ; mais quels que soient les arguments présentés, c'est toujours l'intérêt du brevet, et lui seul, qui est finalement retenu.

---

37 *To a Mouse*, 1785 : http://www.scottishpoetrylibrary.org.uk/poetry/poems/mouse

38 Cette indépendance des Chambres est établie par l'article 23 de la Convention sur le brevet européen.

En Europe comme en Amérique du Nord, la participation effective du public aux actions en justice qui émaillent la vie du droit des brevets est impressionnante et aurait dû être un puissant élément de conciliation. Aux États-Unis, ce furent les industriels et une université engagée dans une politique de brevets qui intervinrent, seuls, au soutien du brevet de Chakrabarty devant la Cour suprême en 1980. Dans la décision canadienne de 2002 sur la brevetabilité de l'animal, on trouve, opposés au brevet cette fois, le Conseil canadien des Églises, l'Alliance évangélique du Canada, l'Association canadienne du droit de l'environnement, Greenpeace Canada, l'Association canadienne des médecins pour l'environnement, l'Action Group on Erosion, Technology and Concentration, l'Institut canadien du droit et de la politique de l'environnement, le Sierra Club du Canada, l'Alliance animale du Canada, le Fonds international pour la protection des animaux inc. et Zoocheck Canada Inc. En 2013, lorsque la question des gènes humains est posée devant la Cour suprême des États-Unis, dans la célèbre affaire Myriad Genetics, ce sont, comme au Canada, des universités, des scientifiques, des associations de femmes et de malades qui s'opposent. En Europe, à propos des mêmes brevets devant l'Office européen des brevets, des hôpitaux — l'Assistance publique-Hôpitaux de Paris —, mais aussi l'Institut Curie, l'Institut Gustave Roussy et un centre anti-cancéreux italien, onze sociétés savantes de génétique humaine, deux associations de malades, les ministères de la Santé de la Hollande et de l'Autriche, Greenpeace, le Parti suisse du travail, et une personne privée, le docteur Wilhelms, étaient intervenus.

De manière récurrente, les ONG ont ainsi montré leur détermination dans deux directions : leur premier combat, intégralement perdu, consistait à obtenir l'exclusion de la brevetabilité des végétaux, des animaux et des gènes humains ;

le second, un peu plus réussi, concernait la « biopiraterie » et la défense des droits des détenteurs de connaissances dites traditionnelles portant sur les activités insecticides du Neem, la propriété coupe-faim d'un cactus utilisé au Botswana, ou les utilisations médicales du Pelargonium du Cap. Mais, alors que des arguments importants avaient été développés pour faire valoir que le défaut de consentement préalable des populations détenant ces connaissances et l'absence de partage équitable des bénéfices exigé par la Convention sur la diversité biologique et son protocole de Nagoya, portaient atteinte à l'ordre public et aux bonnes mœurs, les chambres ne retinrent que le défaut de nouveauté ou d'activité inventive : pour malheureux qu'il soit, le défaut de consentement n'avait pas de lien avec l'article 53 de la CBE ; au contraire, dans l'affaire Relaxine, le consentement des donneuses de tissus était censé avoir joué un rôle dans l'acceptabilité morale du brevet sur le gène de la relaxine : les arguments de l'OEB sont à géométrie variable, mais toujours pour le même résultat.

L'Europe joua donc sur deux tableaux, l'énoncé de nombreuses exceptions, et leur neutralisation par l'interprétation de ce droit européen hors-sol.

On se souvient que les exceptions à la brevetabilité avaient été regroupées en deux catégories : des exceptions de nature technique car l'article 52-2 ne les considère pas comme des inventions (les découvertes, théories scientifiques, etc.), et des exceptions de nature à la fois technique (souvent des applications industrielles douteuses) et politique (bonnes mœurs, méthodes liées à la médecine), énoncées par l'article 53. C'est dans cet article que se situe, à l'intersection du technique et du politique, l'exclusion des variétés végétales et des races animales, ainsi que des procédés essentiellement biologiques d'obtention de végétaux ou d'animaux, cette disposition ne s'appliquant pas aux procédés microbiologiques et aux produits obtenus par ces procédés.

Si l'on compare aux États-Unis qui n'excluent que les produits de la nature, la liste des exceptions européennes à la brevetabilité est donc longue. Malgré cela, la Commission s'est attachée, lors de la rédaction de la directive 98/44, non seulement à les conserver mais à en créer de nouvelles concernant l'être humain[39]. Il fallait s'y attendre : le fait de les avoir interprétées de la manière la plus restrictive qui soit, a créé une fois de plus dans la société civile un sentiment de manipulation par le politique qui, tout en revendiquant une façade éthique s'affranchit en pratique de la plus grande partie des contraintes.

La présence-absence des bonnes mœurs

C'est principalement sur ce terrain qu'aurait dû être évaluée l'opportunité politique d'exclure (ou non) un certain nombre d'inventions liées aux biotechnologies, car la catégorie « bonnes mœurs », qui se perpétue au fil du temps juridique long, a des contenus changeants selon les sociétés et les époques, renvoyant à des convictions, des manières de voir : ainsi des dispositifs anticonceptionnels furent longtemps exclus de la brevetabilité comme contraires aux bonnes mœurs, alors que la mise sur le marché du RU 486, pilule abortive dont Roussel-Uclaf avait suspendu la commercialisation sous la pression des lobbies anti-avortement, fit l'objet, le 28 octobre 1988, d'une mise en demeure par le ministre de la Santé au nom des droits des femmes (mise en demeure annulée pour excès de pouvoir par le Conseil d'État).

---

[39] Ces exceptions figurent à l'article 5 1 : « Le corps humain, aux différents stades de sa constitution et de son développement, ainsi que la simple découverte d'un de ses éléments, y compris la séquence ou la séquence partielle d'un gène, ne peuvent constituer des inventions brevetables », à l'article 6, dont le premier alinéa exclut en général les inventions « dont l'exploitation commerciale serait contraire à l'ordre public ou aux bonnes mœurs » et dont le second exclut les « procédés de clonage des êtres humains, les procédés de modification de l'identité génétique germinale de l'être humain, les utilisations d'embryons humains à des fins industrielles ou commerciales ».

Or la première décision sur la souris oncogène, le 14 juillet 1989, se débarrassa rapidement du problème des bonnes mœurs : après les vives critiques qui avaient émaillé le parcours américain de la souris, la division d'examen de l'OEB conclut que si, dans les circonstances actuelles, il est nécessaire de prendre en compte les questions d'ordre éthique, rien dans ce brevet n'étant susceptible de provoquer la licence, de troubler l'ordre public ou d'inciter à des comportements criminels ou choquants ; et de conclure que « le droit des brevets n'est pas le bon instrument pour régler les problèmes qui peuvent se poser ». La Chambre de recours technique invalida ce point de vue, admettant qu'il « existe des raisons impératives qui font que les implications de l'article 53a de la CBE doivent être prises en compte lors de l'examen de la brevetabilité (...) la manipulation génétique de mammifères soulève toutes sortes de problèmes, notamment lorsque des oncogènes activés sont insérés (...) », et elle donna la solution qui sera finalement adoptée : « (...) il semblerait nécessaire avant tout de peser soigneusement d'une part les graves réserves qu'appellent la souffrance endurée par les animaux et les risques éventuels pour l'environnement et, d'autre part, les avantages de l'invention, à savoir son utilité pour l'humanité ». Balance intéressante mais déséquilibrée dès le départ, puisqu'elle s'applique à des sujets inégaux.

L'affaire fut renvoyée devant une autre division d'examen qui, chargée d'appliquer ce nouveau cadre, conclut que : « Le développement de techniques nouvelles va normalement de pair avec de nouveaux risques (... ce qui) ne devrait pas susciter une attitude généralement hostile aux techniques nouvelles, mais plutôt une mise en balance minutieuse des risques, d'une part, et des aspects positifs, d'autre part, (...) la question des bonnes mœurs se pose pour chaque invention. Les éventuels effets néfastes et risques doivent être appréciés et mis en balance avec l'intérêt et les avantages présentés par l'invention ». Il faut donc peser l'utilité de l'invention pour l'humanité, affectée par le cancer, cause de décès et de souffrances. S'il est évident, pour beaucoup, que la création de souris cancéreuses pèse de peu de poids dans cette balance, il est moins évident d'évaluer l'intérêt pour la recherche médicale de disposer de telles souris. Pour la division d'examen, toute contribution au progrès est hautement souhaitable selon un consensus de la communauté scientifique. De plus, ce type de modèles expérimentaux réduirait le nombre d'animaux nécessaires (ce qui s'est avéré inexact), le risque de fuite des souris dans l'environnement serait limité, en tout cas pas plus important que pour d'autres inventions brevetées (comme les agents pathogènes). C'est aux services gouvernementaux de régler ce problème-là.

Cette appréciation ne prend son sens que par comparaison avec celle qui est faite pour une autre souris d'expérimentation, à laquelle un gène favorisant la pousse du poil avait été inséré (intérêt potentiel pour l'élevage car cela peut augmenter la production de laine par animal et pour lutter contre la calvitie chez les êtres humains). Mais l'insertion de ce gène favorisant des cancers, la souffrance animale est jugée supérieure aux intérêts humains, car la calvitie ne constitue pas une menace, même si l'intérêt commercial du projet est évident. Le brevet est donc refusé au titre des bonnes mœurs.

On s'en doute, l'exemple restera isolé. Cette décision de breveter des animaux me paraissait incongrue lorsqu'en 1992, je regrettai que l'OEB ait raté l'occasion de prendre en compte l'évolution de la place de l'animal dans nos sociétés, de le reconnaître comme un être sensible pour soi, sans le tirer du côté de l'animal-machine, de l'animal fermenteur, de la chose expérimentale construite pour être malade, alors que l'on éduquait des singes pour s'occuper des tétraplégiques (Hermitte, 1993). Il est vrai que, dans le cadre de la *silver economy*, on préfère désormais confier les personnes âgées aux robots, ludiques, moins chers, plus fiables. Le Danemark utilise ainsi Paro, phoque en peluche tenant compagnie aux vieillards[40] ; Issy-les-Moulineaux préfère la *coach* Zora[41], quand les japonais utilisent l'ours géant Robear[42]. Il s'agit toujours de préférer la machine au vivant. La machine n'est-elle pas, au fond, le stade ultime et l'idéal de la mécanisation du vivant ?

Avant que l'affaire de la souris ne soit totalement terminée, deux autres affaires allaient préciser la notion de bonnes mœurs.

La première, l'affaire de la relaxine, hormone apparaissant avant l'accouchement pour le faciliter, concernait la brevetabilité des gènes humains. Elle fut jugée par la division d'opposition le 8 décembre 1994 à la demande des Verts au Parlement européen et du député Paul Lannoye. Alors que les opposants avançaient l'idée qu'il est contraire aux bonnes mœurs de vouloir breveter la vie humaine qu'il ne faut pas « traiter comme des pompes à air », position politique de principe, la division rappelle que, pour l'OEB, n'est contraire aux bonnes mœurs que l'invention qui apparaîtrait au public comme si répugnante qu'il serait inconcevable de la breveter. S'il est évident que c'est effectivement le cas, et dans ce cas seulement, il devrait lui être fait obstacle au titre de l'article 53a. On ne peut guère réduire davantage la portée du texte car, en dehors des lettres piégées toujours données en exemple, il est difficile de trouver une technique qui n'ait pas au moins un aspect positif. Le fait de ne connaître que le brevet comme instrument de récompense de l'innovation, ne permet guère

[40] http://www.phoque-paro.fr/wp-content/uploads/2014/06/La_Croix_1159434.pdf

[41] http://www.sciencesetavenir.fr/sante/20150429.OBS8186/le-robot-nao-coach-pour-seniors-dans-une-maison-de-retraite.html

[42] http://www.senioractu.com/Robear-le-robots-ours-japonais-en-charge-des-personnes-agees_a17819.html

de varier les politiques selon le type de risque que l'on peut redouter à propos d'une voie technologique nouvelle. Des inventions très pionnières, dans une voie que l'on estime prometteuse mais lourde de conséquences difficiles à évaluer, seraient sorties du système des brevets qui implique de mettre rapidement l'innovation sur le marché et d'en tirer tout le profit possible car la durée de vie d'un brevet n'est que de 20 ans. L'exclusion fondée sur les bonnes mœurs permettrait ainsi de ne pas encourager la parthénogénèse, par exemple, dont l'application à l'espèce humaine ne serait pas sans poser de difficiles questions éthiques. En second lieu, la division d'opposition fait valoir que les femmes impliquées dans la recherche avaient consenti au prélèvement. Sans doute, mais dans quel but : un don à une recherche philanthropique ou un don pouvant déboucher sur un brevet et une exploitation commerciale du matériel donné ? Nombre d'associations de malades font valoir qu'elles participent aux recherches mais souhaitent que leur matériel biologique ne soit pas breveté, comme cela apparaîtra nettement avec les gènes brevetés par Myriad Genetics.

Le plus intéressant tient sans doute à ce que la division d'opposition dit de l'opinion publique. Elle admet que « de nombreuses personnes ou groupements semblent être hostiles à des brevets portant sur des gènes humains », mais c'est parce qu'« ils comprennent mal » ce qu'est un brevet, ayant « des convictions personnelles (plus) que des arguments raisonnés ». C'est une question controversée « comme l'avortement ou la peine de mort ». On peut opposer que, s'il s'agit de conviction — ce qui est en partie vrai —, de telles questions ne devraient pas être abordées sans texte clair par une institution non élue de nature technique. Le débat public et le débat parlementaire sont alors essentiels, ce dont la division d'opposition écarte résolument la nécessité. Il semble bien, d'ailleurs, que cette division d'opposition fasse peu de cas du législateur : elle admet ainsi que le Parlement européen a voté contre la brevetabilité des gènes humains, mais elle appuie sa décision de les breveter quand même sur le Conseil des ministres et la Commission, rappelant que l'exécutif européen soutient au contraire ces brevets.

L'OEB se fournit en nouvelles armes avec l'affaire Plant genetic system/Greenpeace. Le brevet portait sur une plante génétiquement modifiée tolérante à un herbicide et à une maladie cryptogamique. Greenpeace tenta de démontrer que la brevetabilité de telles plantes devait être jugée contraire aux bonnes mœurs, ce qui aurait nécessité qu'elles soient « répugnantes », telle une mine antipersonnel ou une lettre piégée. Après avoir reconnu que les offices de brevets se situent au « carrefour de la science et de l'intérêt public », la Chambre de recours rappelle qu'il n'existe pas de notion européenne de bonnes mœurs : la « notion de bonnes mœurs est fondée sur la conviction selon laquelle certains comportements sont conformes à la morale et acceptables, tandis que d'autres ne le sont pas, eu égard à l'ensemble des normes acceptées et profondément ancrées dans une culture donnée. Aux fins de la CBE, la culture en question est la culture inhérente à la société et à la civilisation européennes ».

Alors, comment déterminer le contenu de cette culture ? Les requérants avaient proposé de l'établir en recourant à deux sondages d'opinion montrant, respectivement, l'opposition d'agriculteurs suédois (82 %) et celle du public suisse (69 %). Cette méthode est récusée par la Chambre : de telles enquêtes sont accusées d'être fluctuantes, influencées, de refléter des préjugés — ce qui est sans doute vrai — et de ne représenter que des intérêts catégoriels — ce qui est certainement moins le cas que ses propres appréciations ! La Chambre de recours explique au contraire que les biotechnologies sont des facteurs de progrès fondés sur des connaissances scientifiques modernes permettant de mieux contrôler les phénomènes naturels liés aux plantes. La notion de bonnes mœurs ne permettrait pas d'établir de différence entre les techniques de sélection traditionnelles et les autres, car elles poursuivent le même objectif. La Chambre reconnaît que « l'octroi de droits de propriété industrielle pour des organismes vivants, tels que des plantes ou des animaux, fait l'objet d'intenses débats dans les milieux intéressés et suscite une certaine inquiétude parmi le public ». Mais c'est précisément le « potentiel impressionnant » de ces nouvelles technologies plus efficaces et plus précises, qui est à l'origine des inquiétudes « quant à la domination acquise par l'homme sur le monde naturel », car « le pouvoir de la science pour le meilleur et pour le pire a toujours troublé l'être humain ». Les semences en question ne sont rien d'autre que des plantes tolérantes, comme peuvent l'être naturellement bien d'autres plantes, et cela n'a rien d'inacceptable « au regard des normes de conduite conventionnelles adoptées dans la culture européenne ». La Chambre retourne donc les critiques en préjugés contre le pouvoir de la science.

Il faut surtout retenir qu'elle réfute *in fine* un argument essentiel pour Greenpeace, selon lequel il serait contraire aux bonnes mœurs de breveter les ressources génétiques des plantes, qui devraient « rester l'héritage commun de l'humanité ». On peut s'étonner de cette conclusion car il est bien évident que breveter les plantes, qui contiennent forcément des ressources, revient à nier l'appartenance de telles ressources à l'héritage commun de l'humanité puisque tout ce qui est breveté est protégé par un droit exclusif, certes temporaire.

L'ordre public environnemental ? Introuvable !

C'est dans la même affaire Plant genetic systems que la notion d'ordre public fut interprétée de manière inédite et réduite à néant par la Chambre de recours.

La première affirmation est audacieuse car la Chambre considère qu'une invention dont la mise en œuvre porterait gravement atteinte à l'environnement devrait être exclue de la brevetabilité comme contraire à l'ordre public, créant une catégorie originale d'ordre public environnemental. Il serait très utile d'appliquer ce concept aux innovations des technologies de rupture dont les conséquences à long terme ne sont pas prédictibles, quelles que soient les mesures de précaution mises en place : certains segments des biotechnologies, nanotechnologies dont le principe même repose sur la recherche du résultat inattendu (Larrère et Larrère, 2015). Dans ces hypothèses, refuser la brevetabilité des premières générations d'inventions impliquerait de laisser la recherche publique travailler, tenter des expérimentations, observer les phénomènes à long terme, sans incitation économique pressante. Rien n'empêcherait, ensuite, d'octroyer des brevets, une fois que les grands traits de la sécurité de la nouvelle technologie auraient été acquis. La catégorie d'ordre public environnemental aurait donc pu ouvrir une piste exactement contraire aux convictions des offices de brevets qui estiment opportun d'octroyer des brevets particulièrement larges aux inventions pionnières de ces domaines de la technique.

Mais le risque est aussitôt contenu : un office de brevets « a pour mission de délivrer des brevets ». La Chambre précise que cela ne donne pas un droit inconditionnel d'exploiter effectivement l'invention car la mise sur le marché est « régulée par des autorités de contrôle en charge d'études de danger ». Elle fait remarquer que ce n'est guère au moment du dépôt de la demande de brevets que les risques potentiels peuvent être identifiés, comme le montre le cas des produits pharmaceutiques. Or, selon la Chambre, Greenpeace n'a apporté aucune preuve concluante du fait que l'invention risquait de nuire gravement à l'environnement par le développement de résistances ou la propagation des transgènes. Rien n'est démontré, c'est à une gestion prudente de l'innovation de résoudre le problème, pas au droit des brevets.

Aujourd'hui, les flux de gènes non désirés et l'acquisition de résistances ont bien été démontrés dans certains États américains. Mais il est probable que, si ces faits étaient soumis une nouvelle fois à la Chambre, elle conclurait que le phénomène ne justifie pas à lui seul une exclusion au titre de l'ordre public environnemental, car il est sans doute gérable si les bonnes pratiques agricoles conseillées par les fabricants sont respectées. Cela ne devrait donc pas influer sur l'octroi des brevets.

Cette manière de poser des principes éthiques et d'en empêcher l'application concrète est sans doute catastrophique pour l'image du brevet, que les juges minoritaires de la Cour suprême des États-Unis avaient qualifié de « monopole antipathique », et pour les politiques, qu'il est facile de renvoyer à des stratégies hypocrites.

Sur le plan de la technique juridique, c'est par un jeu rigoureux entre le principe de l'universalité du brevet et les exceptions reconnues par les textes, qu'est mise en œuvre la politique de destruction des exclusions de brevetabilité. Une fois admis le fait que le droit des brevets a une vocation universelle dès l'instant que les conditions de brevetabilité sont remplies, l'OEB doit interpréter de manière extensive et souple les conditions requises pour obtenir un brevet. Selon un principe général du droit non contestable, l'exception doit, au contraire, être interprétée de manière restrictive. Si donc, le principe est bien celui de la brevetabilité universelle, il est normal que les exclusions de brevetabilité soient restreintes à leur définition littérale. Mais c'est oublier que, en tant que monopole légal, le brevet, qui est lui-même une exception au principe de liberté d'entreprise, devrait être l'objet d'une interprétation restrictive. Ces deux niveaux d'exception s'annulant l'un l'autre, alors il aurait dû être possible de choisir assez librement le point de vue à retenir : c'est donc bien une politique volontariste d'extension constante du domaine du brevet qui est mise en œuvre par les autorités de brevets et, de manière assez constante, par les juridictions.

La dernière bataille : capturer le marché des semences

La manière dont l'industrie a utilisé le droit des brevets pour capturer le marché des semences est impressionnante, et ce sera le dernier moment du récit.

Il y eut, dès l'origine des biotechnologies végétales, concurrence entre les variétés génétiquement modifiées et les variétés conçues par les obtenteurs traditionnels. Libre aux agriculteurs de choisir, tant que les entreprises restaient sur des modèles rivaux mais distincts. Libre à chacun de développer son mode d'innovation, les chemins scientifiques et techniques des uns et des autres étant différents, comme les ressources biologiques sollicitées. L'industrie des biotechnologies innovait en intégrant dans les végétaux des gènes du monde microbien, voire animal, alors que les obtenteurs travaillaient à l'intérieur d'un complexe d'espèces apparentées (le maïs et ses cousins). Pour réduire les obtenteurs à quelque chose d'anecdotique sur le plan économique, il fallait aller sur leur propre terrain, et capter leurs ressources génétiques. Comme les obtenteurs avaient un instrument de protection, le COV, qui exprimait leur maîtrise de la confection des variétés, c'est-à-dire l'équilibre physiologique et l'adaptation au terrain du produit final vendu à l'agriculteur, il fallait que les industriels maîtrisent par le brevet les étapes en amont de la variété, qu'ils donnent l'étendue maximale à ces brevets, en aval, et, surtout qu'ils coupent les sélectionneurs de l'accès aux ressources biologiques nécessaires à leur politique d'innovation. Cela se fera en deux temps, en armant le droit des brevets par des interprétations extensives aboutissant à l'enfermement juridique du droit d'obtention végétale, puis en donnant le coup de grâce au système d'innovation des obtenteurs à travers un nouveau concept, celui des gènes natifs.

L'armement

Alors que, théoriquement, le travail politique réalisé par la directive 98/44 était censé avoir placé le brevet et le droit d'obtention végétale à armes égales, l'interprétation du droit des brevets qui fut celle de l'OEB conduisit à un déséquilibre patent du fait de l'étendue donnée à la brevetabilité des gènes et de la *reductio ad absurdum* de la notion de procédé essentiellement biologique et de ses conséquences.

La directive 98/44 et l'apparente égalité des armes

En 1973, la Convention sur le brevet européen semblait ne pas concerner les obtenteurs. Son interprétation permit de breveter gènes, polypeptides, protéines, plasmides, séquences, virus, systèmes promoteurs, procédés d'insertion de gènes, de cultures de cellules, de marquage génétique, etc. Lorsque l'industrie des biotechnologies commença à s'intéresser au végétal pour lier chimie et marchés agro-industriels, elle put donc breveter tout ce qui était en amont de la variété, mais aussi revendiquer en aval les plantes et ensembles de plantes ayant intégré tous ces éléments, à la condition qu'il ne s'agisse pas d'une variété « distincte, homogène et stable », dite variété DHS, qui continuait de relever du certificat d'obtention végétale, et de lui seul.

Après un moment d'incrédulité, les obtenteurs prirent conscience de ce que l'industrie des biotechnologies jouissait, comme tout un chacun, du libre accès gratuit à leurs variétés protégées par un COV, alors qu'ils devaient demander une autorisation et payer une licence pour avoir accès à une invention brevetée. À l'époque, les obtenteurs ne voyaient qu'un seul type « d'injustice » : l'industrie allait capter leur travail en introduisant des gènes brevetés sans grande valeur dans leurs variétés performantes. Or ce n'est pas ce qui s'est passé : d'une part, les gènes introduits avaient une valeur de marché importante (particulièrement les gènes de tolérance aux herbicides totaux et les gènes de tolérance aux ravageurs), et il était finalement assez compliqué et long de les introduire sans déséquilibrer les variétés ; d'autre part et surtout, l'industrie puisait ses ressources génétiques dans les micro-organismes. C'est d'ailleurs que vint le danger, et les obtenteurs auraient dû être plus attentifs à la jurisprudence de l'OEB car dès 1983, une chambre de recours technique posa le principe de la brevetabilité des ensembles végétaux dès l'instant qu'ils n'étaient pas fixés sous la forme d'une variété végétale DHS[43].

L'invention brevetée par Ciba-Geigy portait sur un procédé de traitement chimique appliqué à des végétaux. La division d'examen admit sans difficulté la brevetabilité du traitement chimique en tant que procédé technique, mais refusa d'en déduire celle des végétaux ainsi traités, qualifiés par l'inventeur de semences et de matériel de reproduction, invoquant l'impossibilité de breveter des variétés végétales. Tout en reconnaissant cette exclusion, destinée à « ménager pour les accomplissements de l'obtenteur une protection particulière », la Chambre de recours limita l'exclusion aux seuls végétaux organisés sous la forme variétés DHS. Les autres étaient valablement brevetés quoiqu'il s'agisse de semences. Autrement dit, tous ces végétaux obtenus par le traitement chimique ne pouvaient plus servir de ressources en libre accès pour en tirer des variétés végétales nouvelles. La Chambre de recours se désintéressait des conséquences de sa décision :

[43] Ciba-Geigy, Décision de la Chambre de recours technique 3.3.1 du 26 juillet 1983, T 49/83 JO OEB 3/1984, p.112.

en brevetant des plantes, l'accès aux ressources biologiques qu'elles contiennent est bloqué. C'était le fondement de la stratégie d'innovation en matière d'amélioration des plantes qui était en cause.

Autrement dit, si l'exclusion des variétés végétales DHS perdurait, sa raison d'être, le libre accès à la ressource génétique, disparaissait. N'étaient-ce pas ces ressources qu'il aurait fallu exclure de la brevetabilité ? Pour les spécialistes du brevet, c'était une non-question, et la Chambre de recours soutint que ce type de libre accès était un « concept étranger au domaine du brevet ». C'est exact, mais la question était de savoir si cet accès était important ou non, et si la réponse à y apporter faisait partie de l'équilibre à trouver entre droit d'obtention végétale et droit des brevets. Or la question ne fut pas posée en ces termes si tant est qu'elle ait été entendue car, hormis cet exemple un peu particulier, les inventions de l'industrie des biotechnologies utilisaient des ressources microbiennes qui n'intéressaient pas les obtenteurs. Les sélectionneurs oublièrent l'affaire Ciba-Geigy et le fait que l'industrie des biotechnologies pouvait s'intéresser à autre chose que les ressources microbiennes et bloquer également l'accès aux ressources végétales.

Dans ce contexte, le pouvoir politique ne s'en préoccupa pas davantage, concentré sur des aspects symboliques concernant l'animal et l'être humain. Lors de l'élaboration de la directive 98/44, les parlementaires entérinèrent le texte de la Commission proposant une apparence d'équilibre entre les droits de brevet et d'obtention végétale, obtenu par des licences obligatoires réciproques : le titulaire d'un droit d'obtention végétale qui aurait besoin d'un gène breveté pour exploiter sa variété pourrait en obtenir la licence, et réciproquement. Mais, l'article 12 al.1 de la directive 98/44 exige que cela représente un progrès technique « important » d'un « intérêt économique considérable » par rapport à l'invention revendiquée dans le brevet ou la variété végétale protégée, hypothèses que l'on peine à imaginer.

Égalité des droits en apparence. Mais est-ce si sûr ? On peut en douter lorsque l'on regarde la taille des territoires respectifs de l'obtention végétale — uniquement la variété DHS — et du brevet, celui-ci ayant gagné tout le reste.

L'Europe arme les brevets de gènes

Les brevets de gènes avaient été intégrés dans les directives des offices de brevets, bien avant qu'une décision claire et visible par tous ait été prise. C'est avec l'affaire du gène humain de la relaxine, que la division d'opposition saisie développa son argumentation. On est alors en 1994, la future directive 98/44 est contestée, et il s'agit de déterminer si un gène qui existe à l'état naturel est brevetable alors que les découvertes sont exclues de la brevetabilité et que l'on ne peut breveter que ce qui est nouveau (Gaudillère, Joly, 2013).

La nouveauté fut contestée puisque le gène codant pour la relaxine, hormone liée à l'accouchement, a toujours existé dans le corps des femmes. Si l'on décompose l'activité intellectuelle du titulaire du brevet, on constate qu'il a repéré le gène, activité scientifique non brevetable ; puis il l'a isolé, première opération technique, et purifié de ses introns sans intérêt pour la synthèse des protéines, deuxième opération technique aboutissant à l'ADN dit complémentaire (ADNc). Pour autant, ces opérations modifient la composition chimique du gène mais ne changent pas sa structure efficiente, celle qui lui permet de réaliser sa fonction à l'état naturel ; pour beaucoup d'analystes, il s'agit donc de quelque chose qui n'est pas nouveau, de la découverte non brevetable de quelque chose qui préexistait.

La division d'examen va pourtant trouver matière à brevet en distinguant entre l'ADN tel qu'il est dans le corps humain et l'ADN complémentaire, débarrassé de ses introns (ADNc).

Les séquences brevetées sont nouvelles pour cette unique raison qu'elles ne retiennent que la partie codante, qui existait certes dans la nature mais n'avait jamais été rendue « accessible au public » avant le dépôt de la demande, en tout cas sous cette forme : le corps des femmes qui contient ce gène et produit cette hormone, ne peut pas être considéré comme un « état de la technique » au sens du droit des brevets. N'étant pas comprises dans l'état de la technique, les séquences brevetées sont bien nouvelles.

La seconde contestation portait sur l'activité inventive, les procédés d'isolement et de purification n'ayant rien d'original. La division d'opposition tourna la difficulté en faisant valoir que ces opérations banales avaient révélé pour la première fois au public un produit dont l'existence était inconnue auparavant. Un tel résultat doit être considéré comme impliquant une activité inventive, quelles que soient les méthodes utilisées pour obtenir le produit.

De tels raisonnements rendent mal compte de la différence entre nouveauté et activité inventive. Mais surtout, si l'on définit ainsi ces deux concepts, alors on ne voit pas ce qui distingue une telle opération d'une découverte scientifique. En effet, dans le foisonnement des hormones inconnues du corps humain, le titulaire a bien trouvé un élément qu'il a désigné et décrit, comme un botaniste découvre une nouvelle espèce, qu'il nomme, décrit, et met à disposition de l'humanité, mais qu'il ne brevète pas. Pour robuste qu'il soit, cet argument ignore, comme le rappelle la division d'opposition, « la pratique suivie de longue date par l'Office européen des brevets concernant la brevetabilité de substances naturelles (…) si une nouvelle substance est trouvée dans la nature et si un procédé permettant de l'obtenir est mis au point, ce procédé est brevetable. De plus, si cette substance peut être convenablement caractérisée par sa structure et si elle est nouvelle en ce sens que son existence n'était pas connue auparavant, elle peut être brevetable en tant que telle ».

La directive 98/44 alors en cours d'élaboration, aurait pu se contenter d'entériner la brevetabilité de l'ADN complémentaire — isolé et purifié —, laissant libre d'accès le gène simplement isolé. Or elle poussait le domaine de la brevetabilité un cran plus loin dans l'article 3 al.2 : « Une matière biologique isolée de son environnement naturel ou produite à l'aide d'un procédé technique peut être l'objet d'une invention, même lorsqu'elle préexistait à l'état naturel », la matière biologique étant tout ce qui contient « des informations génétiques et qui est autoreproductible ou reproductible dans un système biologique » (article 2 al.1a). La directive ne limitait pas le brevet à l'ADNc, contrairement à la solution de l'OEB dans l'affaire de la relaxine. Il y avait probablement, dans ce choix, la volonté de s'aligner sur la pratique américaine, qui attribuait des brevets aux séquences simplement isolées, si leur fonction était décrite.

C'est sur ce point que, 20 ans plus tard, en 2013, la Cour suprême des États-Unis modifia une nouvelle fois le paysage en donnant partiellement raison aux sociétés savantes et aux associations de malades américaines contestant la brevetabilité des séquences ADN supports des tests génétiques utilisés pour le diagnostic des maladies. Le conflit se noua autour des brevets octroyés à l'entreprise américaine Myriad Genetics pour deux gènes de susceptibilité accrue à des cancers du sein et des ovaires, les gènes BRCA 1 et 2. La stratégie que Myriad avait élaborée de longue date, était double. D'un côté, elle revendiquait les gènes avec toutes leurs fonctions biologiques « probables », même si elles n'étaient pas toutes décrites, ainsi que tous les tests de diagnostic pouvant en découler. D'autre part, engageant un grand nombre d'actions en contrefaçon de par le monde, elle empêchait les autres institutions, y compris les hôpitaux, d'utiliser les tests qu'elles avaient mis au point à partir de l'ADN de leurs propres malades. Myriad exigeait d'être seule à réaliser les diagnostics, obligeant à envoyer les cellules des malades dans ses laboratoires. Cela lui permettait non seulement de garder le monopole de la réalisation des tests (et de pratiquer des prix très élevés) mais aussi d'enrichir sa biobanque privée.

Or, le 13 juin 2013, après bien des décisions contradictoires, la Cour suprême des États-Unis revint à l'idée que seul l'ADNc, chose fabriquée, est brevetable, l'ADN simplement isolé étant un produit de la nature quoiqu'il ait été sorti de son environnement par la main de l'homme. Ce qui importe, pour la Cour américaine, c'est l'identité ou non par rapport à l'ADN tel qu'il se trouve dans la nature : si un fragment court d'ADNc se trouve être semblable à l'ADN naturel parce que celui-ci ne contient pas d'introns, alors ce fragment n'est pas brevetable. Le fait qu'il ait fallu des efforts, même considérables, pour localiser ces gènes ne les rend pas brevetables pour autant. C'est donc l'opposition nature/artefact qui revient en force, sans d'ailleurs que le juge pousse le raisonnement à son terme puisque la fonction réalisée par l'ADNc, qui détermine l'étendue de la revendication, est la fonction réalisée dans la nature par la séquence d'origine avec ses introns[44] ; l'information génétique est la même.

Maurice Cassier et Dominique Stoppa-Lyonnet firent remarquer que, par cet arrêt, la Cour suprême restaurait le domaine public de la recherche et de l'innovation en laissant de nouveau à tous les chercheurs la liberté de travailler sur les gènes isolés, même s'ils ne pouvaient utiliser l'ADNc

---

[44] Le raisonnement de la Cour distingue l'ADN molécule chimique dont la mise en évidence ne suffit pas à entraîner la brevetabilité car la molécule chimique est potentiellement porteuse de plusieurs informations et l'ADN support d'information qui, par son caractère efficace et précis, permet de justifier le brevet.

breveté[45]. Le fait, pour la Cour suprême, d'avoir libéré l'accès à l'ADN naturel permet aux concurrents de proposer différentes inventions faites à partir du matériel biologique qu'ils prélèvent chez d'autres sujets. C'est ce qui s'est passé, faisant considérablement baisser les prix du diagnostic. Quant à l'USPTO, il a modifié sa procédure d'examen en conséquence. Depuis 2013, il existe donc une divergence entre l'Europe qui continue de breveter l'ADN simplement isolé, et les États-Unis où cette captation des produits de la nature n'est plus possible.

Maurice Cassier explique clairement l'étendue du pouvoir de marché offert par les brevets de gènes en tant que brevets de produit[46] : quand un gène est breveté comme un produit, le titulaire du droit contrôle toute utilisation du gène en question, que celle-ci soit ou non connue au moment du dépôt de brevet. Si seule l'application du gène, et non sa propriété, est revendiquée, la liberté des acteurs ultérieurs est préservée.

Il remarque aussi que « le monopole dérivé d'un brevet de séquence est d'autant plus étendu que la séquence génétique est porteuse de l'information génétique qui met en forme d'autres produits — des protéines — et qui peut être inscrite dans des matières biologiques diversifiées (…) la protéine codée par le gène, les anticorps de la protéine, les vecteurs porteurs du gène, les cellules hôtes, les animaux génétiquement modifiés utilisés pour le *screening* des médicaments, etc. Troisième point, les travaux conduits en génomique fonctionnelle insistent de plus en plus sur la polysémie des gènes qui sont susceptibles de générer plusieurs protéines et d'avoir plusieurs fonctions, le cas échéant en

---

[45] La Cour suprême libère les gènes, *Médecine* Sciences, 2015.

[46] Cassier M., 2003. L'expansion du capitalisme dans le domaine du vivant : droits de propriété intellectuelle et marchés de la science, de la matière biologique et de la santé. *Actuel Marx*, n°34, http://www.cairn.info/revue-actuel-marx-2003-2.html

interaction avec l'environnement. Dans un tel contexte, l'attribution d'un brevet de produit au premier découvreur de la séquence peut se révéler bloquante pour les découvreurs ultérieurs des autres fonctions et applications (...) les travaux récents mettent l'accent sur des réseaux de gènes et sur les interactions gène/protéine et gène/environnement. Ici aussi, des brevets de produit sur des gènes, de surcroît appartenant à des propriétaires différents, peuvent s'avérer inhibiteurs pour mettre en œuvre des thérapies qui utilisent plusieurs gènes et protéines ».

C'est effectivement par l'étendue des revendications que le droit des brevets organise le pouvoir de marché du point de vue économique, ou la justice distributive entre les inventeurs, du point de vue juridique. En effet, le demandeur d'un brevet doit décrire son invention avec suffisamment de précision pour qu'un homme du métier soit capable de la réaliser à partir des seules indications contenues dans le document de brevet et de l'état des connaissances communément partagées dans ce domaine. À partir de cette description qui permet d'évaluer la faisabilité technique de l'invention, le demandeur revendique une certaine étendue pour la protection qu'il demande. Il doit obtenir la protection pour ce qu'il a décrit et rien de plus (article 84 CBE) : limiter le droit exclusif de l'inventeur à ce qu'il a effectivement décrit, laisse la place aux nouvelles inventions qui pourront s'insérer dans la logique des inventions précédentes. Mais la plupart des revendications aujourd'hui acceptées (et critiquées par une grande partie de la doctrine) comprennent des généralisations plus ou moins légitimes d'un ou de plusieurs exemples particuliers. Le demandeur a tendance à vouloir couvrir les variantes encore inexistantes de ce qu'il a réalisé, l'examinateur devant apprécier la pertinence de ces prétentions. Ainsi, lorsqu'une invention ouvre un domaine nouveau, les revendications peuvent être rédigées dans des termes plus généraux que dans le cas d'une invention qui ne concerne que des progrès réalisés dans une technique connue.

C'est donc par l'étendue des revendications opérées à partir des brevets de gènes que l'étau se resserra encore. C'est ainsi que la directive 98/44 avait donné une extension considérable aux brevets portant sur des séquences en posant comme principe général le fait que la protection conférée par un brevet à une matière biologique ou à une information génétique s'étendait à tout ce qui comprenait cette matière ou cette information.

Plusieurs limitations ont toutefois été introduites. Tout d'abord, l'OEB et l'Union européenne ont toujours exigé, pour qu'une séquence soit brevetée, que le demandeur décrive la fonction qu'elle réalise. Cela fut précisé dans les considérants 23 et 24 de la directive 98/44 : « Une simple séquence d'ADN sans indication d'une fonction ne contient aucun enseignement technique ; qu'elle ne saurait, par conséquent, constituer une invention brevetable ».

De plus, la séquence doit être revendiquée pour des applications démontrées et justifiées. Ainsi, l'oncogène de Mycmouse, revendiqué à l'origine pour tous les mammifères non humains sans exception, sera limitée aux rongeurs, puis aux seules souris.

Enfin, la séquence protégée doit être active dans le produit qui en dérive pour que le titulaire du brevet de gène puisse revendiquer son droit à redevance dans le produit dérivé. C'est ce qui résulte d'une affaire Monsanto-Cefetra BV jugée en 2010 par la Cour de justice de l'Union européenne. Monsanto, titulaire du brevet sur du soja tolérant au Round up, n'avait jamais pu obtenir des producteurs argentins le paiement des redevances correspondant à leur utilisation de semences de soja comprenant le gène de tolérance au Round up. En effet, le droit argentin des brevets ne reconnaît pas la brevetabilité des gènes, sans d'ailleurs que ce particularisme ait été attaqué dans le cadre de l'OMC, il convient de le noter. Monsanto ne pouvait donc pas poursuivre les producteurs argentins en contrefaçon sur le territoire argentin. Il tenta alors de récupérer ses redevances en Europe, en bloquant dans le port de débarquement les bateaux remplis de tourteaux de soja OGM. Monsanto échoua dans son action en justice, la Cour appliquant strictement l'article 9 de la directive 98/44, selon lequel la protection conférée par un brevet à un produit contenant une information génétique, ce qui était le cas des tourteaux de soja, s'étend à toute matière dans laquelle le produit est incorporé à la condition que l'information « exerce sa fonction ». Or, constatant qu'il y avait bien peu de chance pour que l'on arrose les tourteaux de Round up, la Cour estima que le brevet du gène ne s'étendait pas aux tourteaux, ce qui écartait la contrefaçon[47].

Il n'en est pas moins vrai que, si l'on excepte le cas très particulier des produits dans lesquels le gène breveté n'exerce pas sa fonction, la facilité avec laquelle on obtient un brevet pour des gènes simplement isolés et surtout l'étendue du pouvoir de marché conféré par ce brevet sur tout ce qui le contient, est fréquemment jugé excessif, y compris dans la doctrine des brevets la plus autorisée[48]. Ainsi, en Allemagne, le Conseil scientifique du ministère fédéral de l'Économie et de la technologie a publié un rapport critiquant les pratiques et les jurisprudences qui lui paraissent menacer le système européen des brevets. Tout en consacrant l'intérêt du brevet, il rappelle qu'il ne doit pas porter atteinte à une

---

47 CJUE, 6 juillet 2010, aff. C 428/08, http://curia.europa.eu/juris/liste.jsf?language=fr&num=C-428/08

48 Vivant M., Strauss J., 2003. *Derniers développements concernant la protection des inventions bio- technologiques et l'étendue des brevets sur les gènes. Un point de vue académique*. JOOEB, édition spéciale, p.167.

concurrence raisonnable, ce qui implique qu'il respecte strictement les conditions de brevetabilité, de manière à ne pas multiplier les titres, bloquant le système. Il souligne des cas de « dysfonctionnements extrêmes ». Le rapport incite à repenser le système européen des brevets, de manière à faire primer la qualité sur la quantité. Il met le doigt sur l'origine des ressources financières des offices de brevet, qui dépendent du nombre de brevets délivrés[49]. De même, la France et l'Allemagne ont-elles unilatéralement réduit la portée des revendications portant sur des gènes. Ainsi, l'article L 611-18 du Code de la propriété intellectuelle a précisé que la protection offerte par le brevet « ne couvre l'élément du corps humain que dans la mesure nécessaire à la réalisation et à l'exploitation de cette application particulière. Celle-ci doit être concrètement et précisément exposée dans la demande de brevet ».

Il est devenu évident aussi que l'évolution de la génétique prive la directive 98/44 de ses bases scientifiques. Conçue pour appliquer, en droit, le dogme « un gène, une fonction », la directive paraît obsolète. Désormais, on sait qu'un gène peut avoir plusieurs fonctions, que les gènes interagissent entre eux, peuvent être actifs ou non, que le noyau d'une cellule interagit avec le cytoplasme, que le génome interagit avec le milieu. Si l'on voulait tenir compte de cette complexité et rémunérer tous ceux qui participent au processus d'innovation, alors les dépendances déjà considérables qui existent aujourd'hui deviendraient inextricables.

Que deviennent les obtenteurs dans ce paysage ? Ils ne peuvent évidemment pas utiliser les informations génétiques brevetées, sauf à en obtenir l'autorisation et à payer une

---

[49] http://www.bmwi.de/BMWi/Redaktion/PDF/G/gutachten-des-wissenschaftlichen-beirats-patentschutz-undinnovation,property=pdf,bereich=bmwi,sprache=de,rwb=true.pdf

redevance. Tant que les titulaires de brevets utilisaient des gènes de bactéries, cela ne gênait pas les obtenteurs qui, au demeurant, bénéficient du rejet actuel des plantes transgéniques. Mais la situation évolue sans cesse. Depuis un certain temps déjà, les fabricants de gènes ont élaboré eux-mêmes des programmes de sélection traditionnelle grâce auxquels ils améliorent de façon classique les variétés dans lesquelles ils introduisent, en fin de sélection, les gènes brevetés. Mais ils font le choix de ne mettre sur le marché que la variété améliorée assortie du transgène — c'est-à-dire munie de la signature de la firme qui a déposé le brevet — et pas la variété améliorée de manière traditionnelle, avant qu'elle ait reçu son transgène. Autrement dit, les obtenteurs, qui ne s'intéressent pas au gène breveté, perdent une opportunité de retravailler la variété améliorée qui ne pourra pas être utilisée comme ressource et entrer dans les programmes de sélection. Dans le domaine du soja, par exemple, les agriculteurs américains ne trouvent plus de variétés récemment améliorées de soja non transgénique.

Restait-il, au moins aux obtenteurs, un pré carré lié à l'exclusion de brevetabilité des procédés essentiellement biologiques ?

L'Europe désarme l'exclusion des procédés essentiellement biologiques

Dans les années 1960 et 1970, lorsque fut instituée la différence entre procédés microbiologiques brevetables et procédés essentiellement biologiques non brevetables, les concepts ne furent pas définis, pas davantage que les juridiques applicables à chacun d'entre eux. Alors que tout procédé brevetable couvre du brevet le produit obtenu par ce procédé, rien ne fut dit des procédés essentiellement biologiques non brevetables. Ce fut une erreur. Allait-on considérer, par la vertu du parallélisme des formes, que les produits ainsi obtenus seraient eux-mêmes exemptés de la brevetabilité ?

Cela aurait été logique et aurait laissé au droit d'obtention végétale un certain champ d'application.

Très rapidement, l'OEB s'attacha au contraire à réduire l'étendue de cette exclusion pour la rendre finalement à peu près sans objet. Cela commença en 1988 avec l'affaire Lubrizol Genetics Inc.[50] qui étendit le concept de procédé microbiologique (compris jusqu'alors comme impliquant l'utilisation de micro-organismes) à toutes les techniques agissant sur les populations de plantes au niveau cellulaire ou infra cellulaire. Par voie de conséquence, la frontière entre procédé microbiologique brevetable (avec le cortège des produits qui en résultent) et procédé essentiellement biologique non brevetable, devint d'autant plus floue que les procédés biologiques utilisés par les obtenteurs comportaient de plus en plus d'étapes cellulaires ou infracellulaires qui ne changeaient pas pour autant leur philosophie de la technique[51].

La division d'examen refusa le brevet : il n'y avait là rien d'autre que des hybrides du genre Brassica, obtenus en réalisant une série d'étapes classiques du processus d'obtention végétale — sélection, croisement, reproduction — destinées à obtenir une population caractérisée par des données phénotypiques précises. À l'inverse, la Chambre de recours va qualifier d'original le fait de multiplier des parents par clonage, puis les croiser à grande échelle, au lieu de partir d'un croisement initial et multiplier ensuite : chaque étape prise isolément peut être qualifiée de biologique, reconnaît-elle, mais l'inversion des étapes habituelles serait originale et productrice d'un résultat nouveau, en l'occurrence l'obtention d'hybrides

---

[50] Lubrizol Genetics. Décision de la Chambre de recours technique 3.3.2, 10 novembre 1988, T 320/87 JO OEB 3/1990 p.71.

[51] Hermitte M.A., 1990. La protection de l'innovation en matière de biotechnologie appliquée à l'agriculture. In : Chevallier D. *Rapport sur les applications des biotechnologies à l'agriculture et à l'industrie alimentaire*. Tome II, n°1827, n°148, p.228, http://www.senat.fr/rap/r90-148-2/r90-148-21.pdf

malgré la présence d'au moins un parent hétérozygote, avec un gain de temps et de nombre d'individus obtenus, ce que l'on ne retrouve ni dans la nature, ni dans les procédés de sélection habituels.

Cette décision Lubrizol suscita une réaction furieuse de la British Association of Plant Breeders. La motivation revenait effectivement à bloquer les techniques des obtenteurs à un instant donné, comme s'ils n'avaient plus le droit d'innover à l'intérieur de leur propre logique sans tomber dans la poche du brevet. Dans le rapport que je fis en 1990 pour l'Office parlementaire d'évaluation des choix scientifiques et techniques, j'évoquai déjà l'encerclement de l'exclusion de brevetabilité des variétés végétales qui résultait de cette jurisprudence[52] ; mais le monde politique resta de marbre, en dehors de l'héroïque Daniel Chevallier, seul sur son île. J'avais pourtant expliqué, documents à l'appui, qu'il ne s'agissait pas d'une jurisprudence irréfléchie qui aurait pu être redressée, mais d'une attitude volontaire qui produirait des conséquences en chaîne.

La même stratégie d'encerclement se retrouvait à l'article 2.2 de la directive 98/44 : « Un procédé d'obtention (…) est essentiellement biologique s'il consiste intégralement en des phénomènes naturels tels que le croisement ou la sélection », ce qui semblait aussi cantonner l'amélioration des plantes aux techniques existantes. Pourtant, l'OEB parut limiter cette dérive lorsque la Grande Chambre de recours précisa en 2010 que les croisements par voie sexuée de génomes complets avec sélection ultérieure de végétaux ou d'animaux devaient être exclus de la brevetabilité, même si la revendication inclut, avant ou après les étapes de croisement et de sélection, d'autres étapes techniques liées à la préparation du végétal ou de l'animal ou à la poursuite de son traitement (voir G1/08

[52] *Idem,* p.229.

et G2/07 par exemple, marqueurs moléculaires utilisés pour sélectionner le parent ou la descendance). L'évolution des techniques à l'intérieur de la logique de l'amélioration des plantes parut de nouveau possible. C'est ainsi que le recours aux marqueurs dans la sélection assistée par marqueurs, étape incontestablement technique, ne suffisait pas à transformer le procédé essentiellement biologique de sélection en un procédé microbiologique brevetable. On pouvait donc avoir le sentiment que l'érosion des exclusions de brevetabilité était stoppée, au moins sur ce point.

C'était une erreur. L'exclusion des procédés essentiellement biologiques perdure mais sans grande conséquence pratique, car les enjeux ont été déplacés vers la plante en tant que produit brevetable, que l'industrie prend l'habitude de désigner par des « traits » qui permettent de servir un marketing simple : la lutte contre le cholestérol par exemple. L'industrie des biotechnologies a fait sa deuxième révolution en ne s'intéressant plus tant, ou plus seulement, aux plantes transgéniques faites à partir de gènes étrangers à l'espèce, mais en avalant les semences traditionnelles, nous allons voir comment.

Le coup de grâce : des plantes brevetées pour leurs traits et gènes natifs

À partir des années 2000, l'industrie des biotechnologies pénétra le territoire des obtenteurs : confrontée au refus européen des plantes transgéniques et aux limites techniques qu'elles rencontrent du fait des résistances acquises par les mauvaises herbes et les ravageurs, elle sembla découvrir les ressources infinies des espèces cultivées, et donc le travail au sein de l'espèce. Depuis, start-ups et grande industrie s'attachent à repérer dans les espèces cultivées des traits ayant un certain pouvoir de marché. Nul besoin de transgénèse pour élaborer des plantes qui expriment le goût doux-amer d'un melon, une élévation de la teneur en un produit réputé anti-cancer, la teneur en matière sèche d'une tomate idéale pour les sauces. Ces caractéristiques sont présentes dans l'espèce et ce sont des techniques classiques d'amélioration des plantes qui permettent de les exprimer. Au-delà de caractères choisis pour des raisons de marketing, cela peut concerner tout caractère, dont les tolérances aux maladies, à la sécheresse, à l'humidité.

Cette conversion inattendue poussa l'industrie des biotechnologies à changer de vocabulaire. Elle introduisit l'expression *native genes*, marque d'un subit intérêt pour les gènes des espèces cultivées, par opposition aux gènes prélevés à l'extérieur de l'espèce qu'elle avait jusque-là convoités. Je ne suis pas arrivée à faire une histoire convaincante de l'introduction de l'expression, mais seulement à repérer quelques grands moments : l'utilisation du mot *native* désignant aux États-Unis les populations indiennes, puis la reprise du terme par les sciences de la conservation à propos des plantes endémiques, indigènes ou naturalisées, par opposition aux plantes introduites ; et finalement cet attrait pour les « gènes natifs » ou, de manière moins idéologique les « traits », qui ne sont que les gènes des espèces cultivées, qui semblent donner un certificat d'authenticité, une connotation patrimoniale aux nouvelles constructions de l'industrie des biotechnologies.

Travaillant au sein du complexe d'espèces et de manière traditionnelle par des repérages et des croisements, l'industrie se trouva exactement sur le même terrain que les obtenteurs traditionnels, tout près des variétés végétales DHS non brevetables. Son dernier combat juridique consista donc à obtenir de pouvoir breveter des plantes caractérisées par un « trait » qui n'a pas été introduit par transgénèse ou tout autre procédé microbiologique, mais révélé par les voies traditionnelles de la sélection végétale. Autrement dit, faire le métier des sélectionneurs avec leurs méthodes et leurs ressources. Plutôt que de revendiquer, comme eux, des variétés végétales DHS qui ne peuvent être protégées que par un COV, ils vont revendiquer des plantes contenant ce « trait ». Une fois ces plantes brevetées, toutes les variétés qui pourraient ensuite en être tirées, tombent dans l'escarcelle du titulaire du brevet.

Tel fut l'objet des affaires brocoli et tomate ridée, jugées ensemble par la Grande Chambre de recours le 25 mars 2015 dans une décision que l'on réduira à sa plus simple expression, tant la redondance des raisonnements n'apporte, de fait, pas grand-chose[53]. L'affaire était d'importance, comme le montre le nombre et la qualité des interventions des tiers à l'affaire, en particulier celle du président de l'OEB lui-même, qui prit parti : l'exclusion de l'article 53b ne devait en aucun cas avoir d'effet négatif sur la possibilité d'effectuer des revendications de produit pour les plantes. S'il devait en être décidé autrement, cela revenait au législateur de le décider (p. 26 et suivantes).

Les demandes de brevets portaient sur un brocoli caractérisé par un taux élevé d'un produit réputé anticancéreux et une tomate, ridée car elle a une capacité à se déshydrater naturellement en mûrissant sans pour autant pourrir. Ces caractéristiques sont des « traits » physiologiques qui ont été trouvés dans des spécimens de tomates et de brocolis. Ils ont été introgressés par une série de croisements, production de semences hybrides, collecte de ces semences, pollinisation avec d'autres hybrides, screening des individus les plus performants, bref le quotidien des obtenteurs de variétés végétales. La demande de brevet couvrait aussi les portions de plantes, leurs semences, leurs inflorescences et leurs cellules, autrement dit tout ce qui fait la plante ou permet de la reproduire.

---

[53] https://register.epo.org/application?documentId=EXBZX31D2974684&number=EP99915886&lng=en&npl=false ; https://register.epo.org/application?documentId=EXBZW10W4599684&number=EP00940724&lng=en&npl=false

Le fait que toutes les étapes relevaient bien de procédés essentiellement biologiques ne fut contesté par personne et le conflit porta sur le sort des plantes obtenues par ces procédés non brevetables. Les plantes obtenues ne sont pas des variétés végétales DHS, donc elles ne sont pas exclues de la brevetabilité à ce titre. Mais ce ne sont pas non plus des plantes obtenues par un procédé technique brevetable qui entraîne automatiquement et depuis longtemps la brevetabilité du produit obtenu.

La question était donc nouvelle : est-ce qu'un procédé essentiellement biologique non brevetable peut déboucher sur l'obtention d'un produit qui, lui, sera breveté ? La réponse est affirmative.

Certains arguments de la Grande Chambre sont traditionnels et correspondent à son principe d'interprétation restrictive des exclusions, qui conduit à limiter l'exclusion de la brevetabilité des procédés essentiellement biologiques à ces seuls procédés. Selon elle, les questions posées par la brevetabilité des procédés et celle des produits doivent être strictement séparées — idée qui n'est pas cohérente avec le principe de brevetabilité automatique des produits résultant de procédés brevetables.

D'autres sont plus nouveaux et montrent une certaine exaspération de l'OEB qui récuse tout argument tendant à reconnaître les dangers de cette brevetabilité extensive sur l'amélioration des plantes. Les affaires brocoli et tomates ridées posaient des questions de politique de recherche, de politique agronomique et d'éthique, longuement développées par les *amici curiae*, ces textes d'intervenants qui n'ont pas d'intérêt matériel à intervenir au procès, et soutiennent soit une thèse qui n'a pas la possibilité de se faire entendre, soit une position distanciée, sans rapport direct avec les intérêts en jeu et représenterait plutôt une conception de l'intérêt général. Ces interventions vont montrer que, depuis la signature de la CBE en 1973, les techniques, le contexte industriel et la connaissance des conséquences des brevets dans le domaine des biotechnologies ont changé, impliquant une interprétation dynamique du texte. La Grande Chambre va soutenir au contraire que, si la nécessité d'une telle interprétation peut être reconnue lorsque des transformations de contexte risquent de mettre l'interprétation littérale en contradiction avec les objectifs du législateur, ce n'est pas le cas en l'occurrence. Elle fait surtout remarquer que, lors de la révision de la convention en 2000, les États parties n'ont pas jugé utile de modifier les termes de l'article 53b, ce qui implique que le législateur ait choisi de ne pas intervenir (p. 57), choix qui ne peut être ignoré dans ce travail d'interprétation. La Grande Chambre semble même considérer que ce sont précisément ces changements techniques qui, mettant l'accent sur l'utilité des plantes et des parties de plantes dans le processus inventif, rendent leur brevetabilité nécessaire puisqu'un COV ne peut pas être obtenu pour ces découvertes intermédiaires.

La Grande Chambre se dit consciente de l'importance des aspects éthiques, sociaux et économiques mis en évidence dans le débat. Elle prend acte ainsi de toute une série de prises de position allant dans le sens d'une limitation du champ d'application du brevet : résolution du Parlement européen du 10 mai 2012, rapport du comité des affaires juridiques du Parlement allemand (2013 et 2014), proposition de résolution de Jean Bizet et Richard Yung au Sénat français (2013), intervention du Conseil fédéral Suisse en 2005… Avec une certaine légèreté, elle ne répond pas directement aux arguments précis des *amici curiae*, dont certains étaient pourtant importants, soit du fait de la position professionnelle de leurs auteurs, tels les semenciers, soit du fait de leur position dans le processus de délibération politique, comme c'était le cas du Haut Conseil des biotechnologies en France[54].

Elle réaffirme que son rôle se limite à l'interprétation de la convention et qu'elle n'est pas mandatée pour promouvoir une politique législative, oubliant qu'elle a pris et prend régulièrement des positions impliquant des choix politiques. Elle s'appuie sur la diversité des réactions des États parties : l'Allemagne et les Pays-Bas ont choisi d'exclure les produits directement obtenus par des procédés essentiellement biologiques, contrairement aux termes de l'article 53b, dit-elle, alors que ce n'est le cas ni du Royaume-Uni, ni de la France, ni de l'Autriche, ni de la Suisse. Pourtant, la Grande Chambre tranche régulièrement des conflits d'interprétation dans des situations où les États ont adopté des positions dispersées.

La motivation de la Grande Chambre est ailleurs : en opposition frontale à ceux qui récusent la brevetabilité de certains types d'inventions pour des considérations éthiques, économiques ou sociopolitiques, la Grande Chambre estime que l'impératif moral principal du système des brevets est d'encourager les inventions qui améliorent la condition humaine. Il implique de breveter et non d'exclure de la brevetabilité : la Grande Chambre révèle ainsi que, malgré le texte clair de la convention qui reconnaît d'importantes fonctions sociales aux exclusions de brevetabilité, sa philosophie profonde est de réduire au maximum la prise en considération du corps social dans le monde du brevet. Adaptée à la question des semences, l'affirmation de la Grande Chambre conduit à penser que l'impératif moral du système des brevets est de breveter les semences, au risque d'aller jusqu'à décourager et rendre inutile le recours au COV. Le reste n'est qu'habillage.

---

[54] http://www.hautconseildesbiotechnologies.fr/fr/avis/recommandation-sur-le-volution-propriete-industrielle-dans-domaine-biotechnologies-vegetales.

De manière incidente, la Grande Chambre souligne l'intérêt d'une pratique américaine : contrairement au droit européen qui exclut les méthodes chirurgicales de la brevetabilité, les Américains brevètent ce type d'inventions, mais laissent au juge la possibilité de constater que les actes de tel ou tel chirurgien ne relèvent pas de la contrefaçon : « Ainsi, aux États-Unis, les méthodes de traitement chirurgical et thérapeutique ainsi que les méthodes de diagnostic sont brevetables depuis longtemps, mais les tribunaux ne peuvent pas statuer en référé ou imposer des dommages-intérêts aux médecins qui exercent une activité médicale constituant une contrefaçon ». Supprimer toute exclusion et juger au cas par cas s'il faut poursuivre le chirurgien, l'obtenteur ou le paysan en contrefaçon, à ses frais bien sûr.

Il y a donc, d'un côté, un changement de stratégie d'innovation de l'industrie des biotechnologies qui, au fond, s'aligne sur celle des sélectionneurs classiques après l'avoir trouvée si dépassée, et de l'autre la stratégie d'extension de la brevetabilité à tous les objets techniques, menée de front par l'Office européen des brevets et la Commission de l'Union européenne. La conjonction des deux a pour résultat de permettre l'appropriation des ressources génétiques des plantes cultivées, à rebours de ce qui avait été décidé dans les années 1960, avec pour objectif de conserver le libre accès à la variabilité génétique, désignée désormais sous l'appellation « gènes natifs ».

Est-il légitime qu'un brevet soit accordé à un concombre, amélioré par croisement avec un concombre sauvage trouvé dans une banque publique de ressources génétiques ? On peut en douter : d'une part, on privatise une ressource publique entretenue à grands frais sur fonds publics, d'autre part on empêche tout concurrent de faire d'autres variétés de concombres, différentes mais comprenant ce gène de la plante sauvage, jusqu'ici accessible à tous. Si cela se produit avec un gène d'une variété traditionnelle, l'obtenteur et les agriculteurs susceptibles de l'utiliser seront contrefacteurs. Et c'est d'ailleurs au niveau de l'appréciation de la contrefaçon qu'une porte de sortie, limitée, est suggérée car certaines juridictions nationales considèrent, dans le cas des revendications dites *product-by-process*, que le produit ainsi obtenu n'est contrefaisant que s'il est obtenu par le procédé breveté. Dans le cas particulier des variétés végétales, ce ne serait effectivement pas le cas, la variété accusée d'être contrefaisante ayant été obtenue par d'autres croisements. Mais cela sera la plupart du temps difficile à prouver et, surtout, le coût de ces procès est rédhibitoire.

Ce système privilégie les grandes entreprises de deux points de vue différents. D'une part, elles ont une force de frappe qui leur permet d'investir massivement dans le repérage des gènes d'intérêt et de les breveter, soit directement en les isolant et les reliant à une fonction ; soit indirectement en brevetant des plantes qui les contiennent. Ces gènes passent ainsi du statut de ressource commune à celui de ressource appropriée. Or ces entreprises agissent dans un marché déjà très concentré : les trois premières entreprises contrôlaient en 2012 entre 47 % et 60 % du marché mondial des semences selon les sources, et les manœuvres destinées à augmenter cette concentration sont fréquentes, telle l'offre de Monsanto à Syngenta, finalement refusée pour être aussitôt remplacée par un rachat par ChemChina, dont la cible serait plutôt les pesticides, le conglomérat devant occuper la première place mondiale, même si semences et pesticides sont liés évidemment[55]. D'autre part, les grandes entreprises ont en

---

[55] Kastler G., http://www.infogm.org/5840-brevets-a-l-assaut-des-ressources-phytogenetiques ; Commissariat général à la stratégie et à la prospective, http://www.strategie.gouv.fr/sites/strategie.gouv.fr/files/archives/2013-10-01-semences-NA05-OK.pdf ; http://www.etcgroup.org/files/publication/717/01/wonfrancais01-23-2009web.pdf. Chimie, Chemchina veut racheter Syngenta pour 43 milliards de

portefeuille suffisamment de brevets pour échanger entre elles les titres dont elles ont besoin. Ce n'est pas le cas des petites entreprises. L'exemple en est donné par le brevet Rijk Zwann portant sur une laitue résistante au puceron Nasanovia, obtenue par sélection assistée par marqueurs et utilisation des ressources d'une espèce sauvage, la Lactusa Virosa. Le brevet revendiquait ce caractère de résistance et le fait d'avoir délié ce caractère du nanisme qui lui aurait été systématiquement lié. De son côté, Gautier, un petit sélectionneur du Sud de la France, avait sélectionné et commercialisé depuis longtemps des variétés résistantes qui n'étaient pas naines pour autant. Cela n'a pas empêché l'OEB de reconnaître la nouveauté de l'invention de Rijk Zwaan, une sélection assistée par marqueur non brevetable en elle-même, mais permettant d'établir des liaisons avec des traits déterminés caractérisant des plantes dont la nouveauté est alors reconnue. Si certaines entreprises concernées par l'accusation de contrefaçon pouvaient faire des licences croisées avec Rijk Zwaan, Gautier qui ne détient que des COV n'avait rien à échanger. Il fut contraint de payer pour ce qu'il avait trouvé dans la nature à la suite d'un long travail de prospection.

Chacun est libre de juger l'intérêt du système mis en place. Les instituts de recherche publics, écartelés entre leurs chercheurs opposés aux brevets et ceux qui y sont favorables, ont tenté d'élaborer des chartes de compromis, qu'il s'agisse en France, de l'Inra, du Cirad ou de l'IRD. Certains intervenants favorables à une large brevetabilité, reconnaissent désormais du bout des lèvres les inconvénients de la surcharge de titres et proposent d'y remédier en constituant des plateformes d'information sur ce qui est breveté d'une part, et des plateformes de délivrance de licences à des prix justes d'autre part. *The Biological Lens'*

---

dollars, *L'Express,* 03/02/2016, http://lexpansion.lexpress.fr/actualites/1/actualite-economique

facility est une base de données de séquences comprenant 147 565 858 millions de nucléotides et de séquences d'acides aminés comprises dans 323 721 documents de brevets. Cet instrument a été retravaillé par Cambia qui a mis au point des outils de traitement des séquences figurant dans des documents de brevet[56]. Une autre initiative, DivSeek, entame la construction d'une base de données mondiale des séquences génétiques et des caractères phénotypiques de toutes les ressources du Système multilatéral du Tirpaa. Il suffit dès lors de disposer des moyens financiers nécessaires à la programmation et au fonctionnement de moteurs de recherche de grande puissance de calcul pour identifier la corrélation entre des séquences génétiques, des caractères phénotypiques intéressants et les plantes qui les expriment. C'est ainsi qu'une poignée de multinationales semencières est en train de breveter à grande vitesse les caractères essentiels des principales cultures agricoles, avec un intérêt particulier pour ce qui pourrait constituer des avantages dans le cadre du changement climatique (tolérance à la sécheresse, à l'humidité, à la salinité).

Il y eut aussi un certain nombre d'initiatives du secteur public, qui ne rencontrèrent guère qu'un succès d'estime malgré leur intérêt bien réel. C'est ainsi que naquirent Pipra, initiative américaine, Cambia, initiative australienne ou Epipagri coordonné par l'Inra et financé par l'Union européenne[57]. Richard Jefferson, biologiste moléculaire inquiet de la multiplication des dépendances particulièrement bloquantes dans le domaine végétal, a créé un mouvement open source visant à permettre d'accéder gratuitement à la propriété intellectuelle proposée à condition de transmettre

---

[56] http://www.cambia.org/daisy/cambia/home.html

[57] S. Vanuxem S. *La tentative Pipra, un commun en propriété intellectuelle sur les biotechnologies agricoles ?* http://www.mshparisnord.fr/ANR-PROPICE/docus-pdf/tentative_PIPRA.pdf

gratuitement les innovations qui pouvaient en être tirées, sur un modèle de type Linux[58].

Plus récemment, des initiatives privées et payantes ont été proposées, l'une d'entre elles à l'initiative de l'entreprise Rijk Zwann elle-même : l'International Licensing Platform (ILP) annonce vouloir faciliter un accès global aux traits utilisables dans les végétaux en proposant des licences de brevets sur les traits à des coûts raisonnables. Onze entreprises ont accepté de participer à cette initiative : Agrisemen, Bayer, Bejo, Enza, Holland-Select, Limagrain, Limgroup, Pop Vriend, Rijk Zwaan, Syngenta et Takii. Il s'agit de faciliter le fonctionnement du marché entre les vendeurs de traits et les sélectionneurs construisant les variétés. En cas de conflit sur le prix de la licence, l'idée est de la soumettre à l'arbitrage d'experts indépendants.

En réalité, le conflit spécifique brevet-obtention végétale ou plus largement brevet-exclusions en faveur des organismes vivants s'est doublé d'une évolution des stratégies générales en matière de propriété industrielle qui, pour avoir potentiellement certains aspects positifs, n'en sont pas moins directement liés à la financiarisation de la société de la connaissance d'un point de vue plus général. Désormais, à côté des stratégies de brevets classiques servant à développer le marché d'une innovation et, par voie de conséquence, à bénéficier d'un retour sur l'investissement consenti qui est la raison d'être du brevet, les titres sont utilisés à de tout autres fins. Ils sont devenus les objets d'un commerce immatériel, qui tend à devenir plus important que le commerce du produit concret. C'est ce qui est décrit comme le passage de l'outil de protection à l'utilisation comme source primaire de création de valeur, sous l'effet conjugué de la dématérialisation de l'économie et de sa financiarisation, via l'évaluation financière et comptable

---

[58] http://www.bios.net/daisy/bios/home.html

des entreprises. Selon Rémi Lallemant[59], auteur d'une note importante sur le sujet, les actifs immatériels représentaient au milieu des années 2000, 90 % de la capitalisation boursière des grandes entreprises cotées. 18,7 % des brevets n'étaient destinés qu'à bloquer des concurrents, 17,4 % étant de simples brevets dormants. 65 % des brevets seulement sont exploités selon la finalité du droit des brevets, c'est-à-dire l'exploitation par son titulaire ou un licencié. Les grandes entreprises ont tendance à développer leurs actifs immatériels dans des pays développés ayant opté pour une fiscalité faible sur les redevances des licences de brevets, décentralisant la production des semences, peu rémunératrice, dans des lieux proches de leur utilisation. Les marchés de brevets peuvent à la marge, avoir des avantages si, au lieu d'être neutres, ils sont organisés en bourses destinées à résoudre des questions d'intérêt général comme les techniques nécessaires à la maîtrise du changement climatique. Mais il faut pour cela une décision politique.

Conclusion

Force est de constater que cette histoire racontée sur plus de deux siècles montre une étrange évolution. Les révolutionnaires de 1789 avaient lancé un projet politique de libération de la société par la libération de l'économie et la promotion de l'innovation. La mise en œuvre de ce projet montra ses avantages, ses limites, ses dysfonctionnements, qui furent dûment analysés, et parfois redressés au fil du temps. Il aurait donc fallu l'amender, le faire évoluer avec les transformations du monde, tenir compte de tous les retours

---

[59] Lallemant R., 2006. Note. *Rapport du groupe de projet Piéta (Prospective de la propriété intellectuelle pour l'État stratège). Quel système de propriété intellectuelle pour la France d'ici 2020 ?* ; *Évaluation et valorisation financière de la propriété intellectuelle : nouveaux enjeux, nouveaux mécanismes*. Note de veille du Centre d'analyses stratégiques, n°111, octobre 2008.

d'expérience, et c'était le travail des politiques qui avaient succédé aux révolutionnaires. Pourtant, ils abandonnèrent cette tâche à de nouvelles corporations, l'industrie chimique et l'industrie des biotechnologies pour ce qui nous concerne. Les obtenteurs étaient également constitués en corporation, mais choisirent de soutenir, et le brevet et le certificat d'obtention végétale, ne voulant pas voir que l'un dévorerait l'autre, ou le voyant trop tard. Plus encore que les industries, les milieux professionnels gravitant autour de la propriété industrielle furent à la manœuvre. Lorsque quelques politiques tentèrent de réagir, il était trop tard et ils ne le firent que partiellement, obnubilés par les gènes humains et une éthique qui s'achevait en discours pompeux et inefficaces sur la soi-disant non brevetabilité des gènes humains.

Nul ne devrait s'étonner, devant cette incapacité à agir, de la désaffection des électeurs. À quoi pourraient bien servir l'engagement politique classique dans les partis, et d'ailleurs le vote, si le monde politique délègue ses responsabilités à une oligarchie défendant un système, le brevet, dans une optique mondiale qui fait obstacle à des choix différenciés ? La question est particulièrement prégnante avec le droit européen des brevets si l'on veut bien se souvenir que l'Office européen des brevets, non relié à l'ordre juridique général, fait évoluer son texte par des directives d'examen qu'il rédige lui-même et par sa propre jurisprudence, étant à la fois quasi législateur, exécutif et juge. Même les révisions sont abandonnées à des représentants des États qui sont issus du sérail de la propriété industrielle et de l'industrie.

Ce livre devrait-il s'achever sur la question plusieurs fois posée : où sont les gouvernants, avec la réponse, nulle part ? Et bien, non, il y a peut-être une mince lueur d'espoir. Le 26 janvier 2016, le Sénat, courant sus à l'ennemi, a voté en première lecture du projet de « loi sur la reconquête de la biodiversité, de la nature et des paysages », deux modifications au Code de la propriété intellectuelle. La première vise, enfin, à préciser que les produits issus des procédés essentiellement biologiques pour l'obtention des végétaux et des animaux, ainsi que leurs parties et leurs composantes génétiques, seront exclus de la brevetabilité. À procédé brevetables, produits brevetables ; à procédés exclus, produits exclus. Les gènes natifs devraient recouvrer leur liberté originelle, et la Grande Chambre de recours technique est désavouée ! La deuxième modification, non moins importante, a pour objet de réduire l'étendue des brevets octroyés sur une « matière biologique »; ils ne s'étendront plus aux autres matières biologiques porteuses des mêmes caractéristiques obtenues par d'autres voies que l'utilisation de l'invention brevetée. Cette seconde limitation risque d'être difficile à prouver.

Force est de constater que ce choix politique trans-courants, qui met cul par-dessus tête le droit européen, est fragile (la loi n'est pas encore votée) et restreint au territoire français ; mais aussi qu'il rejoint la position déjà adoptée par l'Allemagne et les Pays-Bas, autrement dit les trois principaux pays semenciers européens, et soutenue par le Parlement européen en séance plénière le 17 décembre 2015. La décision de la Grande Chambre de recours dans les affaires tomate et brocoli a réveillé le politique !

Discussion

Question – *Il n'est pas facile de comprendre ce que signifie l'expression « des procédés essentiellement biologiques », pas plus qu'il n'est aisé de saisir ce qui est manifestement « man made » et ce qui ne l'est pas. Est-ce à dire que dès qu'il y a une intervention technique humaine, ce qui en résulte est « man made » comme le sont les objets artificiels ? Mais alors la sélection classique est aussi « man made » que ne le sont les OGM ou les clones. En pratiquant la sélection des variétés végétales et des races d'animaux domestiques, des générations de paysans, puis des sélectionneurs ont choisi les reproducteurs, croisé des individus, fait des rétrocroisements pour isoler des caractères. Il s'agit là de manipulations des processus de la transmission héréditaire et donc de « procédés essentiellement biologiques ». Mais la transgénèse (ou le clonage des mammifères) sont aussi des manipulations de processus biologiques. En quoi les OGM et les clones seraient-ils plus « man made » que ne le sont les variétés et les races sélectionnées par des méthodes classiques ? Cela tient-il à ce que l'on ne peut pas attribuer à un individu particulier le fonds génétique d'une plante (ou d'un animal) issu de procédés de sélection classiques ? Cela tient-il au fait que les firmes qui exploitent les processus de transgénèse sont plus puissantes que ne le sont les sélectionneurs ?*

Marie-Angèle Hermitte – Vous essayez de comprendre deux expressions consacrées en les mettant en regard l'une de l'autre. C'est une erreur à ne pas commettre car elles viennent de deux systèmes juridiques différents.

Man made vient du droit américain. Celui-ci sépare les sphères de ce qui est brevetable et de ce qui ne l'est pas en opposant les produits de la nature, exclus de la brevetabilité, et tout le reste, réputé *man made* même lorsqu'il s'agit en réalité d'un mixte de nature et d'intervention humaine. L'arrêt Chakrabarty refusa de doubler cette première distinction d'une deuxième, qui aurait déclaré le vivant non brevetable, contrairement à l'inerte. Il fut donc décidé d'en rester à la distinction « produit de la nature/man made », qu'il s'agissait alors d'interpréter pour l'appliquer à de nouveaux objets. C'est ainsi que, depuis l'arrêt Myriad, sont « produits de la nature » les séquences d'ADN, et « man made » l'ADN complémentaire car l'inventeur a supprimé un certain nombre d'éléments de la séquence brute. Cette distinction entre ADN et ADNc ne me paraît pas spécialement convaincante d'un point de vue scientifique, technique ou économique ; c'est une convention destinée à départager ce qui est brevetable et ce qui doit être laissé de libre parcours pour les concurrents.

Les « procédés essentiellement biologiques » relèvent du droit européen et sont opposés aux « procédés microbiologiques ». Ceux-ci étaient définis au départ comme des procédés utilisant des microorganismes. Tout le reste paraissait alors essentiellement biologique, donc non brevetable. C'est la volonté d'étendre le domaine de ce qui est brevetable qui a engagé l'OEB dans une interprétation extensive de la notion de procédés microbiologiques brevetables et une interprétation restrictive des procédés essentiellement biologiques, non brevetables. Ici encore, c'est une convention.

La sélection classique est, effectivement, aussi artefactuelle que la transgénèse ou le clonage. Simplement, elle relève d'un droit de propriété intellectuelle spécifique, le droit d'obtention végétale, alors que la transgénèse et le clonage relèvent du droit des brevets. L'opposition entre les deux est à la fois culturelle et historique. Culturelle en ce sens que ce sont les obtenteurs de variétés végétales qui ont choisi volontairement de créer un nouveau droit de propriété intellectuelle, le COV, car ils trouvaient le droit des brevets inadapté à leurs techniques de sélection ; historique en ce sens que, le droit d'obtention végétale ayant été créé en 1961 par l'UPOV, la convention sur le brevet européen, adoptée en 1963, ne pouvait pas revenir sur ce choix. Elle a donc introduit cette distinction entre procédé microbiologique brevetable et procédé essentiellement biologique non brevetable, qui permettait de sauver le COV. Mais elle a ensuite étendu, étape par étape, le champ de la brevetabilité, c'est l'histoire que j'ai racontée.

La taille des entreprises n'a, en principe, rien à voir dans ces choix. Il s'agit plutôt d'une culture d'entreprise. Les entreprises faisant de la transgénèse sont issues de la chimie et ont donc une longue pratique des brevets. D'autre part, le libre accès à la ressource génétique leur paraît être une aberration car ils veulent précisément pouvoir compter la détention de ressources génétiques intéressantes parmi leurs avantages compétitifs. Les entreprises pratiquant la sélection classique sont des milieux professionnels issus de la paysannerie, d'une aristocratie terrienne et de l'agronomie, qui se sont structurés sur l'accès aux ressources génétiques. La volonté de puissance de ces entreprises diffère également. Les multinationales de l'agrochimie ne s'intéressent qu'aux marchés mondiaux tandis que l'on trouve encore des sélectionneurs nationaux, voire régionaux. Pour combien de temps, c'est sans doute la question. Sans oublier qu'une grande partie de la paysannerie mondiale fait encore sa propre sélection.

Question – *Pouvez-vous nous expliquer pourquoi il n'y a pas eu l'équivalent du Certificat d'obtention végétale pour les races animales ?*

Marie-Angèle Hermitte – Les causes sont au moins au nombre de trois.

Tout d'abord, on ne crée pas fréquemment des races animales. On fait évoluer, relativement doucement, des races animales existantes. Dans les secteurs où il y a plus de créations, comme en volaille, il est relativement facile de conserver les souches parentales au secret. D'autre part, les éleveurs les plus performants se rémunèrent en vendant à un prix élevé leurs reproducteurs ou leur semence (il en va de même pour les centres d'insémination artificielle). L'aiguillon économique pour faire aboutir au niveau international un nouveau droit de propriété intellectuelle est donc faible.

Ensuite, la création n'est pas le fait d'entreprises individualisées, mais de collectifs d'éleveurs, avec l'aide plus ou moins appuyée de la recherche publique, plus rarement privée. Or les droits de propriété intellectuelle sont attribués à des individualités, même s'il s'agit de personnes morales. Les *herd-books*, qui gèrent la génétique des races bovines par exemple, sont de vastes collectifs. Si l'on se réfère à la « charolaise », l'organisation compte un conseil d'administration d'une quarantaine de personnes, plus une douzaine d'animateurs raciaux et 2 200 éleveurs adhérents. Il devient alors délicat de situer l'inventeur.

Enfin, les « populations animales sélectionnées », terme préféré à celui de race, ne sont pas des objets fixes mais des collections d'individus tous différents quoique partageant des traits communs. Ces ensembles d'individus changent à chaque génération, ce sont en quelque sorte des objets glissants. La contrefaçon devient difficile à établir par simple comparaison.

Inventeur atypique, invention évolutive, cela rentre mal dans les caractéristiques des droits de propriété industrielle, qu'il s'agisse d'un droit de brevet ou d'un droit d'obtention végétale. Cela n'a pourtant pas empêché le ministère de l'Agriculture de chercher s'il ne serait pas possible d'imaginer un droit d'obtention animale. J'avais été chargée, avec Bernard Bibé, d'imaginer un tel droit. Cela m'avait conduite dans une sorte de tour de France des races animales, depuis les lapins jusqu'aux escargots, des chèvres au baudet du Poitou, avec évidemment les grandes espèces que sont les bovins, les porcins, les ovins. L'enjeu était de trouver une formulation commune à des modes de sélection extrêmement différents, concentrés dans le cas des porcins, décentralisés dans le cas des bovins, particulièrement des races à viande. Nous étions arrivés à une première formulation assez satisfaisante, qui avait été présentée à divers représentants des grandes races. Après une période de méfiance, le projet commençait à être regardé avec une certaine sympathie. Puis le ministère s'est désintéressé de l'affaire au moment précis où il aurait fallu au contraire qu'il commence à faire le tour des grandes capitales pour engager un mouvement au niveau européen. Le moment était d'ailleurs mal choisi car le droit d'obtention végétale était aux prises avec le brevet, et les autorités se voyaient mal avoir à gérer une nouvelle interface. Le projet a été, je crois, mis dans un tiroir et n'a jamais été ressorti.

Question – *Je fais des recherches fondamentales sur les mécanismes de la reproduction. De temps en temps, ceux qui travaillent comme moi sur Arabidopsis, obtiennent des résultats qui semblent susceptibles d'intéresser des sociétés privées et qui sont brevetables. J'en suis à cinq ou six brevets déposés et je me pose des questions. Est-ce bien dans les missions d'un organisme public comme l'Inra de déposer des brevets qui permettront à des entreprises de monopoliser nos résultats à leur profit ? Ce sont des questions que l'on ne se pose guère, nous faisons cela presque naturellement et nous y sommes même encouragés par l'institut (un brevet est aussi gratifiant qu'un article paru dans les meilleures revues internationales).*

Marie-Angèle Hermitte – Je ne crois pas qu'il y ait de réponse univoque à votre interrogation.

Dans un monde idéal, il n'est pas logique qu'un organisme de recherche public, fonctionnant sur des fonds publics, privatise le résultat de ses recherches, qui devraient appartenir à la collectivité nationale qui les a financées, voire à l'humanité. Car chaque pays devrait avoir de tels organismes et ceux-ci devraient échanger entre eux tout à fait librement le résultat de leurs recherches, ce qui créerait des effets de synergie au niveau mondial et éviterait un certain nombre de doublons qui ne sont pas autre chose que des pertes d'argent, d'un point de vue collectif. Cette manière de voir est une suite logique de la liberté des échanges scientifiques. Ce serait d'autant plus important que, dans le domaine du vivant, les véritables inventions apparaissent comme une addition d'inventions intermédiaires qui, si elles sont toutes protégées, renchérissent considérablement le coût de l'invention finale. Rien n'empêche d'ailleurs, dans le cadre de coopérations interétatiques, de prévoir entre équipes de recherche toutes les mises en commun nécessaires. D'autre part et surtout, la publication permet de divulguer ce que l'on souhaite et de faire ainsi obstacle au brevet.

Mais dans le monde tel qu'il est aujourd'hui, la compétition est plus valorisée que la coopération. La guerre économique est partout et le brevet est un instrument de cette guerre. Dans ce cadre, il est utile de détenir des portefeuilles de droits (de brevet ou d'obtention végétale), ne serait-ce que pour les échanger. Un institut de recherche public peut avoir pour mission de conserver aux entreprises nationales une capacité d'innovation. C'est vrai dans tous les domaines, mais plus encore dans le domaine des semences où un très petit nombre d'entreprises détient une part considérable du marché mondial. D'autre part, un droit de propriété industrielle peut être géré de multiples manières selon des objectifs très différents les uns des autres : licence gratuite à une entreprise nationale que l'on veut favoriser ou à un acteur d'un pays en voie de développement ; licence normale consentie à d'autres acteurs en faisant attention que cela ne leur donne pas un pouvoir de marché excessif. Encore faut-il savoir ajuster cette politique au plus près des finalités poursuivies.

Question – *Il y a effectivement beaucoup de brevets qui ont été déposés par l'Inra et ont été retenus. Mais en fin de compte peu d'entre eux sont exploités et seuls quelques-uns sont « rentables ». L'institut a dépensé beaucoup d'argent pour déposer ses brevets ; cela lui permet de faire bonne figure vis-à-vis des tutelles et d'être bien classé, mais sans rapporter grand-chose. Il y a là un problème de stratégie : à quel niveau de la chaîne d'innovation est-il souhaitable de breveter ? Les laboratoires les plus impliqués dans des recherches finalisées savent produire des connaissances et inventer des techniques qui utilisent ces savoirs. Le problème qu'ils rencontrent, c'est lorsqu'il s'agit de transférer l'innovation. Une question stratégique se pose alors : à quel stade est-il préférable de breveter si l'on veut que l'invention soit mise en pratique ? Faut-il breveter au tout début pour assurer ses arrières ? Faut-il breveter une fois la technique d'application bien maîtrisée ? Doit-on breveter le seul procédé, ou aller jusqu'au « produit » final ? Dans un organisme public comme l'Inra, qui va du plus académique au plus finalisé, à quel stade faut-il breveter ? Il y a là une question qui n'est jamais abordée alors que je me demande si la plupart de nos brevets ne sont pas déposés trop tôt et si nous n'avons pas tendance à revendiquer trop large.*

Marie-Angèle Hermitte – Toute institution doit avoir sa politique de brevet. En premier lieu, mettre dans le domaine public ce qu'elle juge trop onéreux à protéger, de sorte que d'autres ne bloquent pas cette innovation. Ne protéger que ce dont elle espère tirer un certain avantage et réexaminer régulièrement ses choix. Un brevet qui ne trouve pas preneur peut être abandonné car son maintien est onéreux. Mais il peut être utile d'avoir une démarche active et, à ce titre, les plates-formes de brevets devraient être plus et mieux utilisées.

Certains acteurs utilisent les brevets dont ils disposent pour bloquer des concurrents. Mais je ne pense pas qu'une telle stratégie présente de l'intérêt pour l'Inra.

Ensuite, le choix de breveter tôt dans la chaîne de l'innovation est fait par de nombreuses institutions académiques pour deux raisons. Tout d'abord, les institutions de recherche travaillent plus sur l'amont que sur l'aval, car elles n'ont pas les moyens financiers de développer le produit final. Si elles veulent valoriser économiquement leur travail, il faut qu'elles protègent l'amont, quitte à avoir une politique de licences généreuse. Enfin, le demandeur du brevet doit toujours arbitrer entre sa tendance à revendiquer large pour qu'un maximum d'opérateurs soient dépendants de son titre, et le risque qui en résulte, puisqu'un brevet trop large pourrait être invalidé. C'est le rôle des conseils en brevets que de trouver le meilleur équilibre.

Question – *Vous avez dit que quelques grandes entreprises disposent de portefeuilles de brevets importants qu'elles s'échangent en fonction des procédés qu'elles entendent développer et des titres dont elles ont besoin. Et tout à la fin de votre exposé qu'un marché immatériel des brevets s'est considérablement développé. D'où les trois questions suivantes. Le brevet qui était censé favoriser l'innovation en assurant un retour sur investissement ne s'est-il pas transformé en objet de spéculation détournant des capitaux d'authentiques investissements dans la recherche et le développement ? De ce fait, favorise-t-il l'économie de la connaissance ou une économie financière ? Enfin, déjà que les multinationales ont utilisé l'élargissement du champ de la brevetabilité pour s'assurer une rente sur une fraction importante de l'industrie pharmaceutique et de l'agriculture, jusqu'où ira-t-on si l'on songe au développement de la biologie de synthèse et des nanotechnologies ?*

Marie-Angèle Hermitte – Je crois effectivement que l'évolution que je vous ai décrite dessine une économie de l'alimentation déséquilibrée par un excès de puissance d'une part, de financiarisation d'autre part. En amont de la production agricole, vous avez le secteur des semences de plus en plus tenu par de très grandes entreprises (anciennes) de la biochimie. Leur puissance financière élimine progressivement les petits acteurs, et ils vivent très largement de leur politique de licence. En aval, vous avez les *ABCD companies,* soit ces grands négociants que sont Louis-Dreyfus, Cargill, Bunge et ADM, et les grands groupes de l'industrie agroalimentaire. Ils ont contribué au développement des marchés à terme, qui sont bien une financiarisation de la production agricole. Prises en tenaille entre ces deux puissances extrêmes, la terre et la culture ne sont plus que des points de passage obligés. Mais d'une part, ce n'est plus là que se crée la richesse, d'autre part il y a une tendance lourde au niveau mondial à détenir les terres en société utilisant des ouvriers agricoles. D'où l'intérêt de l'agriculture de proximité qui permet de contourner en partie ces trois grands pôles financiers en redonnant de la valeur au couple terre-paysan.

Question – *Si j'ai bien compris le coup de grâce sur la laitue, le brevet a été déposé après que l'obtenteur ait utilisé le gène natif. Outre que je ne comprends pas comment c'est possible d'un point de vue juridique, cela m'inquiète au sujet de mes collections de ressources génétiques. Une entreprise peut breveter un gène associé à une fonction alors que celui-ci se trouve parmi les variétés de mes collections. J'ignore bien entendu les brevets qui seront déposés concernant des gènes présents dans mes collections de ressources et je ne vais pas forcément faire l'effort de rassembler l'information sur tous les brevets susceptibles de s'y trouver déjà. Or, ces ressources génétiques, je les distribue dans le cadre du traité de la FAO. L'obtenteur, à qui j'ai fourni une variété, va utiliser le trait que contrôle le gène en question sans savoir que ce trait* *a justifié (ou justifiera plus tard) un brevet. Dans ce cas, qui est responsable et de quoi est-on responsable ?*

Marie-Angèle Hermitte – L'obtenteur n'avait pas utilisé le gène natif désigné comme tel mais une variété définie par un vaste ensemble de caractéristiques. Le gène jouait son office, mais il était caché, inconnu, ce qui explique que celui qui décrira le trait postérieurement puisse invoquer la nouveauté.

Pour en revenir au travail que vous réalisez dans votre banque, de deux choses l'une. Soit vous avez caractérisé une ressource, non seulement par ses données de passeport mais aussi en trouvant des gènes intéressants et en les décrivant ; plus personne ne peut les breveter, ils sont utilisables par tout un chacun. Si au contraire, vous n'avez fait qu'un travail de description de la plante entière par ses grands caractères morphologiques et son origine, alors celui qui va relier un trait particulier à un marqueur déterminé, comme dans le cas de la laitue, pourra breveter la plante caractérisée par ce trait. Ou alors, il pourra isoler tel ou tel gène, indiquer sa fonction et breveter le gène. Il existait certes dans la plante, mais il y était caché. C'est le fait de l'avoir révélé qui permet le brevet.

Question – *Pour ce qui concerne la biologie de synthèse, deux tendances cohabitent : l'une qui, classiquement, accapare les « briques élémentaires du vivant » et l'autre qui, s'inspirant des logiciels libres, milite pour le partage des données. Cette réaction, soutenue par une des figures de proue de la biologie de synthèse (Drew Endy), a conduit à la formation de la Biobricks Foundation qui diffuse librement les données et les séquences inventées rassemblées dans un registre spécial. Ne pourrait-on pas songer à la même contre-offensive en matière de biotechnologies plus classiques ?*

Marie-Angèle Hermitte – Si bien sûr, et c'est d'ailleurs très simple. Tout ce que vous publiez, tout ce que vous révélez dans un poster ou lors d'une conférence cesse d'être brevetable puisque vous avez détruit la nouveauté. Les banques de brevets peuvent jouer un rôle facilitateur pour échanger des titres ou les affecter à un collectif, mais il faut réaliser que cela reste l'exception.

Question – *Ma question est sans doute naïve. Comment les législateurs de tant de pays ont-ils pu laisser dériver la situation ? Ils ont bien dû être alertés des méfaits de l'excès des brevets dans les domaines de la haute technologie et des freins à l'innovation qui en découlent. Pourquoi n'en ont-ils pas tenu compte ? Sont-ils inconscients ou impuissants ?*

Marie-Angèle Hermitte – Je ne suis pas sûre d'avoir toutes les réponses, d'où ma question récurrente : « Où sont les gouvernants » ? La première réponse, celle dont je suis à peu près sûre, est que dans ce domaine, les premières décisions, celles qui ont permis, souvent par interprétations successives, d'entraîner les autres, n'ont pas été prises par des politiques *stricto sensu*. L'essentiel a été fait dans ce que l'on nomme la technocratie.

Quand je suivais cette question, la première chose qui m'a frappée, c'est que les fonctionnaires en charge du dossier n'étaient pas d'un niveau hiérarchique très élevé. Ils connaissaient la question, au moins par le petit bout de la lorgnette, ce qui n'était le cas ni du ministre, ni de son cabinet. Aussi était-il difficile de savoir pourquoi tel ou tel ministère poussait à la roue. Je n'ai pu que constater que le ministère de l'Industrie soutenait systématiquement l'extension de la brevetabilité, poussé par l'Institut national de la propriété industrielle, ce qui peut paraître logique. Mais le ministère de la Recherche poussait également, avec en tête les campus américains, et sans aucune considération pour les retombées éventuellement négatives sur les modes de fonctionnement des chercheurs incités au secret tant que la demande de brevet n'est pas publiée comme d'une recherche devenant de plus en plus coûteuse. Plus étrange, le ministère de l'Agriculture chercha à protéger le droit d'obtention végétale, mais pas à s'opposer à l'extension du domaine de la brevetabilité. Le ministère de la Santé s'est réveillé trop tard, quant au ministère de la Justice, il soutint l'extension de la brevetabilité sans coup férir. Il ne faut pas oublier que tout cela se fait après 1983, donc après une conversion généralisée au virage libéral et au modèle américain. Pour les plus enthousiastes, il s'agissait d'être enfin modernes, dégagés de la honte de l'argent, pour les autres de s'aligner sur les États-Unis au nom de la compétitivité européenne.

Qu'est-ce qui, dans cet enthousiasme que j'ai vu partout, relève en fait d'un lobbying efficace des entreprises de la biochimie ? Je ne le sais pas. Je me souviens néanmoins d'un rendez-vous avec Jean-Pierre Cot, président du groupe socialiste au Parlement européen, qui m'avait convoquée car il était conscient du problème, mais ce fut pour me dire finalement qu'il n'avait pas la main sur ce dossier ; je me souviens également de Brice Lalonde, alors ministre de l'Environnement, faisant venir un certain nombre d'experts, se faisant expliquer la situation et concluant que c'était trop complexe pour être expliqué en conseil des ministres, alors que ce n'était qu'indirectement dans son portefeuille. Il en allait de même des journalistes ; nombre d'entre eux voulurent s'intéresser à la question, mais à part quelques imprudents courageux, la conclusion fut toujours que c'était vraiment trop difficile à expliquer.

Seul, je l'ai expliqué, un député par ailleurs professeur de biochimie, Daniel Chevallier, fit pour l'OPECST un rapport circonstancié récusant toute brevetabilité du vivant. Le rapport fut entériné et aussitôt oublié. Après, les parlementaires s'attelèrent à la tâche, mais c'était trop tard.

Je ne reviendrai pas sur le rôle de l'OEB qui est central dans mon récit.

Question – *Vous avez dit que des marchés de brevets pourraient avoir des avantages s'ils étaient organisés en bourses de façon à résoudre des questions comme la maîtrise du changement climatique. Pourriez-vous en dire un peu plus ? Quelles innovations seraient-elles mises sur ce marché ? Y trouverait-on les innovations de géo-ingénierie, à côté de procédés permettant d'améliorer le rendement des sources d'énergie renouvelable et des techniques susceptibles de produire autant de denrées agricoles en diminuant considérablement les intrants et la dépense énergétique ou pouvant adapter les cultures à des climats plus chauds ou plus secs ? Plus généralement, on peut se demander depuis quand les marchés financiers auraient-ils pour mission l'intérêt général ? Existe-t-il des exemples de bourses fonctionnant de la sorte ?*

Marie-Angèle Hermitte – Il ne faut pas confondre plusieurs instruments répondant à des objectifs différents.

Le premier a été décidé par les autorités mondiales de la propriété industrielle et consiste à inscrire dans une classe particulière de la classification internationale des brevets (qui fonctionne normalement par branches de la technique), les inventions concernant l'environnement, quelle que soit la branche de la technique dont elles relèvent. Comme il s'agit de brevet, l'opération de classement est neutre, il peut s'agir d'une économie d'énergie sans risque imaginable pour l'environnement ou de géo-ingénierie, dont les risques ne sont que trop facilement perceptibles.

Le deuxième est dans la même logique, mais relève d'initiatives privées ; il s'agit de bourses de brevets concernant l'environnement. Mais, là encore, il n'y a aucune évaluation de la valeur de la technologie ; le seul avantage est de faciliter la recherche des technologies et mettre plus facilement en relation vendeurs et acquéreurs. Certaines de ces bourses pourraient pourtant faire l'objet d'un mécanisme d'évaluation préalable. Je l'avais proposé à l'une d'entre elles, mais cela a été jugé trop compliqué, ce qui n'est pas faux, et donc refusé, ce qui est dommage. La question est de savoir si l'effort d'évaluation pourrait, ou non, attirer des acquéreurs.

Mais je pensais aussi à un mécanisme tout différent, proche de celui dit de « l'accès aux médicaments » tel qu'il est reconnu par l'Organisation mondiale du commerce et l'Union européenne pour ce qui concerne les médicaments dits essentiels. L'objectif de ce mécanisme est de faciliter la diffusion rapide d'une technique à des prix avantageux pour les pays les moins avancés. Dans ce cas, un médicament breveté peut être copié légalement à destination des pays les moins avancés par des génériqueurs. Ceux-ci ne pourront pas exporter le médicament vers les pays développés où ils devront être payés au prix fort. Le système n'a pas été très souvent utilisé mais il a convaincu les entreprises pharmaceutiques et les grandes fondations de faire des campagnes de dons de médicaments qui ont permis une distribution très importante en Afrique notamment. On pourrait parfaitement envisager des systèmes du même ordre pour tous les gains énergétiques réalisés dans les centrales thermiques classiques, par exemple.

Question *–La Cour suprême du Canada a refusé de breveter Oncomouse en argumentant que la délivrance de brevets pour des formes de vie supérieures soulevait des difficultés particulières. En proclamant que les animaux sont des êtres vivants doués de sensibilité, l'amendement Glavany (devenu l'article 515-14 du Code civil, loi du 16 février 2015) constitue une reconnaissance juridique des droits moraux accordés aux êtres sensibles. Il me semble que des propositions équivalentes ont été actées en Suisse et en Allemagne. N'y aurait-il pas là un moyen pour argumenter auprès de l'OEB que le brevet ne doit pas porter sur des mammifères en tant qu'êtres sensibles ?*

Marie-Angèle Hermitte – Cela devrait être le cas. Mais la réponse des spécialistes du brevet est toujours la même. Le brevet est un titre portant sur une invention qui est une abstraction et ne concerne en rien l'animal concret auquel il ne porte aucun tort. L'OEB apprécie donc au cas par cas si l'intérêt de l'humanité est suffisant pour justifier l'éventuelle souffrance de l'animal concret, mais il ne déclarera pas l'animal non brevetable simplement parce que c'est un être sensible, en tant que tel. C'était au politique de le faire.

Question – *Je me demande si vous n'exagérez pas un peu en parlant de « l'invention d'une nouvelle forme d'animisme, au sens où tous les vivants sont liés entre eux, mais un animisme fondé sur la science ». Que les vivants soient liés entre eux est tout à fait conforme au dualisme naturaliste (au sens que Descola donne à ce terme) puisqu'il suppose qu'il y a continuité entre les « physicalités », c'est-à-dire entre les corps. Pour le dualisme naturaliste, il y a une discontinuité radicale des intériorités entre humains et non humains. C'est bien cette ontologie dualiste qui est à l'origine des sciences occidentales. C'est pourquoi d'ailleurs les manifestations d'animisme (qui suppose à l'inverse que toutes les espèces ont des corps sui generis, mais que leurs intériorités sont semblables) sont stigmatisées par la plupart des scientifiques. Ainsi les hypothèses concernant l'univers mental et les émotions des animaux sont souvent taxées d'anthropomorphisme et, à ce titre, sont dévalorisées. Je dirais plutôt que notre dualisme est, par bonheur, impur. Nous sommes souvent en pratique animistes quand nous échangeons des informations (et parfois des affects) avec les animaux que nous côtoyons au quotidien. On raconte même que Descartes — dualiste s'il en fut — parlait à son chien. Or il se trouve que cet animisme empirique est conforté depuis quelques temps par certains développements scientifiques, qu'il s'agisse de travaux neuro-physiologiques mettant en évidence une* *continuité de fonctionnement entre les cerveaux d'espèces phylogénétiquement proches, mais aussi de recherches en sciences cognitives ou en éthologie. Mais cette justification scientifique d'une certaine continuité des intériorités ne va pas au-delà des animaux (et souvent de ceux avec lesquels nous entretenons des relations : mammifères, oiseaux). Peut-être que ce qui est en train de s'inventer, est une sorte de compromis entre le naturalisme et l'animisme.*

Marie-Angèle Hermitte – Alors ma phrase était insuffisamment précise. Ce que j'appelle un nouvel animisme, propre aux pays industrialisés, implique non seulement une continuité de mieux en mieux perçue entre les corps — et c'est pour cela que la comparaison des génomes est importante malgré ses limites — mais aussi entre les intériorités comme le montre le recul constant des « propres de l'homme ». Tout cela me semble travaillé par les anthropologues et les philosophes. La revendication montante d'instituer la nature et ses éléments comme sujets de droit, quelle que soit la manière de le revendiquer, est bien une manifestation de cette double continuité, dans la pensée juridique cette fois. S'il n'y avait qu'une continuité des corps, cela n'impliquerait pas de reconnaître une qualité de sujet. Les catégories juridiques créant des objets protégés suffiraient. Or, si les systèmes juridiques sont bien partis d'une protection des objets, en l'occurrence les espèces protégées, ils sont passés à leurs habitats, autres objets mais définis en fonction des modes de vie des habitants. On sort là de l'objet pour passer au sujet. Et, même si cela concerne plus fréquemment les animaux, cela va bien au-delà car on peut interdire des projets humains au nom de la protection d'une fleur ou, plus largement, d'une zone de diversité biologique, donc au nom de toute la vie, microbienne, végétale et animale qui s'y trouve.

Références bibliographiques

Anvar S., 2008. Semences et Droit. L'emprise d'un modèle économique dominant sur une réglementation sectorielle, http://tel.archives-ouvertes.fr/tel-00335766/

Autenne A., Cassiers V., Strowel A., 2015. *Droit, économie et valeurs. Hommage à Bernard Remiche*. Paris, Larcier.

Azéma J., 1990. *La protection juridique des nouvelles techniques*. Mélanges dédiés à Paul Mathély. Paris, Litec.

Bellivier F., Noiville C., 2009. La bioéquité. Batailles autour du partage du vivant. *Autrement*.

Bonneuil C., Thomas F., 2009. *Gènes, pouvoirs et profits. Recherche publique et régimes de production des savoirs de Mendel aux OGM*. Versailles, Éditions Quae.

Braunstein P., 2003. *Travail et entreprise au Moyen-Âge*. Bruxelles, De Boeck et Larcier.

Braunstein P., 1985. *À l'origine des privilèges d'invention aux XIVe et XVe siècles. Les brevets, leur utilisation en histoire des techniques et de l'économie*. Paris, Éditions du CNRS.

Burgat F., 2015. *La cause des animaux. Pour un destin commun*. Paris, Buchet/Chastel (Dans le vif).

Cassier M., 2007. Délimiter le marché de la santé et faire le droit du vivant, le rôle des oppositions juridiques aux brevets sur les gènes en Europe. *Revue d'économie industrielle*, 155- 174, http://rei.revues.org/3253

Cassier M., 2004. Brevets pharmaceutiques et santé publique en France : opposition et dispositifs spécifiques d'appropriation des médicaments entre 1791 et 2004. *Entreprises et histoire*, 2 (36) : 108.

Cassier M., 2003a. L'expansion du capitalisme dans le domaine du vivant : droits de propriété industrielle et marchés de la science, de la matière biologique et de la santé. Paris, PUF, *Actuel Marx*, 2 (341) : 68.

Cassier M., 2003b. L'expansion du capitalisme dans le domaine du vivant : droits de propriété industrielle et marchés de la science, de la matière biologique et de la santé. Paris, PUF, *Actuel Marx*, 2 (34) : 77.

Cassier M., 2003c. L'expansion du capitalisme dans le domaine du vivant : droits de propriété industrielle et marchés de la science, de la matière biologique et de la santé. Paris, PUF, *Actuel Marx*, 2 (34) : 63.

Chateauraynaud F., 2004. L'épreuve du tangible. In : La croyance et l'enquête. Aux sources du pragmatisme. *Raisons pratiques*, EHESS, 15 : 167-194, https://gspr-ehess.com/documents/FC-Epreuve-du-tangible-2004.pdf

Chevallier D., 1990. Rapport sur les applications des biotechnologies à l'agriculture et à l'industrie alimentaire. N°1827-148.

Chevalier M., 1878. *Les brevets d'invention dans leurs relations avec le principe de la liberté du travail et avec le principe de l'égalité des citoyens*. Paris, Guillaumin et Cie.

Claeys A., 2004. *Les conséquences des modes d'appropriation du vivant sur les plans économique, juridique et éthique*. OPECST, n°1487 et 235.

Claeys A., 2001. *La brevetabilité du vivant.* Rapport OPECST n°3502 et 160. Paris, Assemblée nationale.

Cohen D., 2015. *Le monde est clos et le désir infini*. Paris, Albin Michel.

Comte J.L., 1990. Biotechnologies et brevets. *Mélanges Mathély*. Paris, Litec.

Coriat B., 2002. Du super 301 aux Trips : la vocation impériale du nouveau droit américain de la propriété intellectuelle. *Revue d'économie industrielle*, n°99.

Coriat B., Orsi F., 2003. Brevets pharmaceutiques, génériques et santé publique. Le cas de l'accès aux traitements antirétroviraux. *Économie publique/Public economics*, 12/2003/1, http://economiepublique.revues.org/389Z

Dareste R., Haussoulier B., Reinach T., 1891. *Recueil des inscriptions juridiques grecques*, I. Paris.

Darmon D., 1981. Protection juridique des inventions biotechnologiques. *Revue d'économie industrielle*, 18 : 93.

Demeulanaere E., Bonneuil C., 2011. Des semences en partage. Construction sociale et identitaire d'un collectif « paysan » autour de pratiques semencières alternatives. *Techniques et Culture*, 57, 2011/2 : 202-221.

Despret V., 2014. *Que diraient les animaux si on leur posait les bonnes questions ?* Paris, La Découverte (Poche).

Ducos C., Joly P.B., 1993. Les artifices du vivant : stratégies d'innovation dans l'industrie des semences. *Economica.*

Edelman B., Hermitte M.A., 1988. *L'homme, la nature et le droit.* Paris, Christian Bourgois.

Eisenberg R., Heller M.A., 1998. Can Patents Deter Innovation ? The Anticommons in Biomedical Research. *Science*, 1 May 1998, 280 (5364) : 698-701.

Fowlston B.J., 1990. Licensing of biotechnological inventions. In : *Symposium The challenge of biotechnology in a changing legal and economic environment*. Paris, 28 mars 1990.

Galloux J.C., 1996. La brevetabilité du vivant, historique juridique. In : Leroux T., Letourneau L. (dir.). *L'être humain, l'animal et l'environnement : dimensions éthiques et juridique*. Paris, Éditions Thémis.

Galloux J.C., 1990. Fabrique-moi un mouton. Vers la brevetabilité des animaux-chimères en droit français. *La Semaine juridique édition générale*, 14 février, n°07.

Galloux J.C., 1990. L'organisation et la protection juridique de la création de nouvelles races animales. In : Chevallier D. *Rapport sur les applications des biotechnologies à l'agriculture et à l'agro-industrie,* n°1827 déposé le 12 décembre 1990 Tome II (Annexes).

Gaudillière J.P., Joly P.B., 2013. Crise des brevets de gènes et nouveaux objets d'appropriation : vers une ontologie biologique de la propriété intellectuelle ? In : Thomas F. (éd.), *Le pouvoir de la biodiversité.* Paris, Éditions de l'IRD.

Gorz A., 2003. *L'Immatériel*. Paris, Galilée.

Gramsci A., 2012. Guerre de mouvement et guerre de position. Paris, La Fabrique.

Harlan J., 1987. Les plantes cultivées et l'homme. Paris, Puf.

Haudricourt A., Hedin L., 1987. *L'homme et les plantes cultivées*. Préface et compléments de M. Chauvet. Paris, A.M. Métailié.

Heitz A., 1987. L'histoire de la protection des obtentions végétales. In : *Les vingt-cinq premières années de la convention internationale pour la protection des obtentions végétales,* UPOV/PUB/879. Genève, http://www.upov.int/about/fr/publications.jsp

Hermitte M.A., 2015. Frugalité, sobriété et innovation. Une approche juridique. In : Autenne A., Cassiers V., Strowel A. *Droit, économie et valeurs. Hommage à Bernard Remiche*. Paris, Larcier.

Hermitte M.A., 2013. *Le droit saisi au vif. Sciences, technologies et formes de vie.* Entretiens avec Francis Chateauraynaud. Paris, Éditions Petra.

Hermitte M.A., 2011. La nature, sujet de droit ? *Annales*, 66-1, janv.-mars.

Hermitte M.A., 2004. L'intégration des PVD dans la mondialisation par l'adaptation du droit de la propriété intellectuelle, analyse de la loi-modèle de l'OUA. In : Hermitte M.A. *Les ressources génétiques végétales et le droit dans les rapports Nord- Sud.* Paris, Bruylant.

Hermitte M.A., 2004. *Les ressources génétiques végétales et le droit dans les rapports Nord- Sud.* Paris, Bruylant.

Hermitte M.A., 2001. Les appellations d'origine dans la genèse des droits de propriété intellectuelle. Études et recherches sur les systèmes agraires et le développement. Systèmes localisés : terroirs, savoir-faire, innovations. 32 : 195-207.

Hermitte M.A., 2000. Les revendications des autochtones sur leurs ressources et leurs connaissances, économie du partage ou biens souverains ? In : Belliver F., Noiville C. *La Bioéquité. Batailles autour du partage du vivant*. Éditions Autrement.

Hermitte M.A., 1993. L'animal à l'épreuve du droit des brevets. *NSS*, 1 : 47.

Hermitte M.A., 1990. La protection de l'innovation en matière de biotechnologie appliquée à l'agriculture. In : Chevallier D.

Rapport sur les applications des biotechnologies à l'agriculture et à l'industrie alimentaire. Tome II n°1827, n°148, http://www.senat.fr/rap/r90-148-2/r90-148-21.pdf

Hermitte M.A., 1983. Histoires juridiques extravagantes, le droit de la reproduction végétale. In : Kahn P., Fritz J.C. *La gestion des ressources naturelles d'origine agricole*. Paris, Litec.

Hilaire-Perez L., 2000. *L'invention au siècle des Lumières*. Paris, Albin Michel.

Hutchison A., 2014, The Whanganui river as a legal person, Alternative Law Journal, 3-2014.

Jacob F., 1970. *La logique du vivant. Une histoire de l'hérédité*. Paris, Gallimard.

Joly P.B., 2013. À propos de l'économie des promesses techno-scientifiques. In : *Futuris. La recherche et l'innovation en France*. Paris, Odile Jacob.

Joly P.B., Hermitte M.A., 1993. Plant biotechnology and patents in Europe, an economic analysis of alternative models of intellectual property rights. *Biotechnology review,* CHE n°1 : The management and Economic potetial of biotechnology, 11.

Khan F., 2007. Droits de propriété intellectuelle et développement économique : perspective historique. *Magazine de l'OMPI*.

Kahn P., Fritz J.C., 1983. *La gestion des ressources naturelles d'origine agricole*. Paris, Litec.

Larrère C., Larrère R., 2015. *Penser et agir avec la nature. Une enquête philosophique*. Paris, La Découverte.

Laval C., Vergne F., Clément P., Dreux G., 2011. *La nouvelle école capitaliste*. Paris, La Découverte.

Le Coz P., 2014. *Le gouvernement des émotions et l'art de déjouer les manipulations*. Paris, Albin Michel.

Leroux T., Letourneau L. (dir.) 1996. *L'être humain, l'animal et l'environnement : dimensions éthiques et juridique*. Paris, Éditions Thémis.

MacLeod C., 1988. *Inventing the industrial revolution. The english patent system, 1660-1800*. Cambridge, Cambridge University Press.

Madhusudan M.D. *et al.*, 2015. Distribution, relative abundance and conservation status of Asian elephants in Karnakata southern India, biological conservation. *Biological conservation*, 187 : 34.

Marco A.C., Rausser G.C., 2008. The role of patent rights in mergers: consolidation in plant biotechnology. *Am. J. Agr. Econ.* 90 (1) : 133-151.

Mattei J.F., 1996. *Breveter la matière vivante ? Propositions pour une réponse européenne*. Rapport d'information, n°2932. Paris, Assemblée Nationale.

Monod J., 1970. *Le hasard et la nécessité. Essai sur la philosophie naturelle de la biologie moderne*. Paris, Seuil, 1970.

Moulier-Boutang Y., 2007. *Le Capitalisme cognitif. La nouvelle grande transformation*. Paris, Éditions Amsterdam (Multitudes/Idées).

Perez-Hilaire C., 2000. *L'invention technique au siècle des Lumière*. Paris, Albin Michel (L'Évolution de l'Humanité).

Pitois T., Vivant M., 1996. La technique au cœur du brevet, un concept social évolutif. *Droit et société*, 32 : 117.

Renouard C., 1836-1837. Théorie des droits des auteurs sur les productions de leur intelligence. *Revue de législation et de jurisprudence*, t. 5.

Riqueti de Mirabeau H.G., 1791. Édité par Barthe F. *Discours et opinions de Mirabeau précédés d'une notice historique sur sa vie*, t.3, 1820. Paris, Kleffer et Auguste Caunes.

Risch M., 2008. Everything is Patentable. *Tennessee Law Review*, 75 : 591 http://works.bepress.com/michael_risch/3

Savignon F., 1990. Considérations sur les principes du rapprochement des législations en matière de brevets : la brevetabilité des êtres vivants. GRUR Int., Heft 9.

Scelle G., 1932. *Précis du droit des gens*. Paris, Éditions du CNRS (éd. 1984).

Simondon, 2012. *Du mode d'existence des objets techniques*. Paris, Aubier.

Strauss J., 1989. AIPPI and the protection of inventions in plants, past developments, future perspectives. IIC, 20 : 602.

Sunder M., 2006. *IP. Stanford law review*, 59 : 257, http://freeculture.wikispaces.com/file/view/Sunder.pdf/149174013/Sunder.pdf

Thomas F., 2014. Les éthiques du partage des avantages dans la gouvernance internationale de la biodiversité sauvage et cultivée. *Éthique publique*, 16 (1), http://ethiquepublique.revues.org/1392 (consulté le 22/08/2015).

Thomas F. (éd.), 2013. *Le pouvoir de la biodiversité.* Paris, Éditions de l'IRD.

Tirole J., Henry C., Trommetter M., Tubiana L., Caillaud B., 2003. Propriété intellectuelle, CAE, http://www.cae-eco.fr/Propriete-intellectuelle.html

Vavilov N., 1951. *The origin, variation, immunity and breeding of cultivated plants. Selected writings*. New-York, Ronald Press.

Vivant M., Strauss J., 2003.Derniers développements concernant la protection des inventions biotechnologiques et l'étendue des brevets sur les gènes. Un point de vue académique. JOOEB, édition spéciale

.

Table des matières

3 **Préface**

9 **Avertissement**

11 **L'emprise des droits intellectuels sur le monde vivant**

11 **Introduction**

17 **Inventer les droits intellectuels**

19 Une histoire deux mille ans

21 Les droits intellectuels des Lumières entre droits de l'homme et capitalisme

24 Les « mécanismes de spéciation » des propriétés intellectuelles

38 **Le vivant, objet d'industrie ou monde animé ? Les mots de l'affrontement**

39 Les visions industrielles du vivant

39 *Une nature inintelligente qui doit être exploitée*

40 *Les biotechnologies, au premier plan des espérances économiques du monde*

43 *Dangereuses métaphores*

45 *Désigner ses ennemis*

49 D'autres visions du vivant

49 *Des mouvements disparates ignorés des pouvoirs publics*

53 *De la théorie de l'évolution à la vision animiste du monde*

59 **La réintroduction du vivant dans le droit des brevets : où sont les gouvernants ?**

60 Réintroduire le vivant dans le droit des brevets, une victoire incontestable

61 *L'extension de la brevetabilité*

75 *L'énoncé des exclusions de brevetabilité spécifiques à la matière vivante et la réduction de leur portée*

75 *De si gênantes exclusions*

90 La dernière bataille : capturer le marché des semences

91 *L'armement*

106 *Le coup de grâce : des plantes brevetées pour leurs traits et gènes natifs*

117 **Conclusion**

121 **Discussions**

137 **Références bibliographiques**

Ouvrages parus dans la même collection

Les mondes de l'agriculture
Une recherche pour demain
M. Sebillotte, 1996, 260 p.

Société et révolution biologique
Pour une éthique de la responsabilité
A. Kahn, 1996, 96 p.

Entre savoir et décision, l'expertise scientifique
R. Roqueplo, 1997, 112 p.

L'expérience et le modèle
Un discours sur la méthode
J.-M. Legay, 1997, 112 p.

Les usages sociaux de la science
Pour une sociologie clinique du champ scientifique
P. Bourdieu, 1997, 80 p.

Les chercheurs et l'innovation
Regards sur les pratiques de l'Inra
1998, 432 p.

La fin du « tout génétique »
Vers de nouveaux paradigmes en biologie
H. Atlan, 1999, 96 p.

Les savants croient-ils en leurs théories ?
Une lecture philosophique de l'histoire des sciences cognitives
J.-P. Dupuy, 2000, 136 p.

La loi sur la recherche de 1982
Origines, bilan et perspectives du « modèle français »
J.-F. Théry, R. Barré, 2001, 136 p.

Le métier de chercheur
Regard d'un anthropologue
2e édition revue et corrigée
B. Latour, 2001, 108 p.

Les harmonies de la nature à l'épreuve de la biologie
Évolution et biodiversité
P.-H. Gouyon, 2001, 96 p

Politiques d'aide et recherche agricole
Bilan et perspectives
M. Dron, M. de Lattre-Gasquet, 2001, 270 p.
Coéd. Inra-Cirad.

Trois essais sur l'éthique économique et sociale
C. Arnsperger, C. Larrère, J. Ladrière, 2001, 216 p.

L'évaluation du travail à l'épreuve du réel
Critique des fondements de l'évaluation
C. Dejours, 2003, 84 p.

Science, argent et politique
Un essai d'interprétation
D. Pestre, 2003, 204 p.

Se libérer de la matière ?
Fantasmes autour des nouvelles technologies
B. Bensaude-Vincent, 2004, 94 p.

L'analyse des risques
L'expert, le décideur et le citoyen
B. Chevassus-au-Louis, 2007, 96 p

À quoi sert l'histoire des sciences ?
M. Morange, 2008, 72 p.

Agronomes et paysans
Un dialogue fructueux
A. Pochon, 2008, 72 p.

De la protection de la nature au pilotage de la biodiversité
P. Blandin, 2009, 124 p.

Complexité aléatoire et complexité organisée
J.-P. Delahaye, 2009, 76 p.

Science et communication : pour le meilleur ou pour le pire ?
M. Claessens, 2009, 176 p.

Penser comme un rat
V. Despret, 2009, 96 p.

Biotechnologie, nanotechnologie, écologie
Entre science et idéologie
M.-H. Parizeau, 2010, 88 p.

L'écologie des autres
L'anthropologie et la question de la nature
Philippe Descola, 2011, 112 p.

Expérimentation animale
Jean-Pierre Marguénaud, 2011, 78 p.

Éthique et recherche
Jean-François Théry, Jean-Michel Besnier,
Emmanuel Hirsch, 2011, 64 p.

Les sciences face aux créationnismes
Guillaume Lecointre, 2012, 176 p.

L'ontophylogenèse
Jean-Jacques Kupiec, 2012, 80 p.

La recherche malade du management
Vincent de Gaulejac, 2012, 96 p.

Désacraliser le chiffre dans l'évaluation du secteur public
Albert Ogien, 2013, 119 p.

Pour une interprétation littéraire des controverses scientifiques
Yves Citton, 2013, 180 p.

Nature à vendre.
Virginie Maris, 2014, 94 p.

Le marché aux connaissances
Lawrence Busch, 2014, 160 p.

La science au pluriel
Essai d'épistémologie pour des sciences impliquées
Léo Coutellec, 2015, 88 p.

Dépôt légal : mars 2016
IMPRIMÉ EN FRANCE

Achevé d'imprimer le 18 mars 2016
sur les presses de l'imprimerie *La Source d'Or*
63039 Clermont-Ferrand
Imprimeur n° 18580

PEFC
PEFC/10-31-2008

Dans le cadre de sa politique de développement durable,
La Source d'Or a été référencée IMPRIM'VERT®
par son organisme consulaire de tutelle.
Cet ouvrage est imprimé - pour l'intérieur -
sur papier offset standard 80 g
provenant de la gestion durable des forêts,
produit par des papetiers dont les usines ont obtenu
les certifications environnementales ISO 14001 et E.M.A.S.